心理的安全性のつくりかた

愈吵愈有競爭力

建立團隊的心理安全感，
鼓勵「有意義的意見對立」，
不讓「沉默成本」破壞創意

Ryosuke Ishii
石井遼介
林雯 譯

推薦序

若水國際執行長　陳潔如

「那個人居然在上班時間睡覺，他也太大膽了吧！」部屬氣沖沖的找我報告的時候，我剛從企業經理人，轉職成為社會企業的CEO不到兩年。

我處理過員工在會議室拍桌大吵的衝突，也見過不少暗流湧動的離職場面，但還是頭一次遇到這種有違常態的情境。此情此景，如果換作是你，你會怎麼做？

我很慶幸自己沒有馬上斥責、下命令或貼標籤，而是選擇單獨找「那個人」聊聊，他的名字叫做小華。

「你怎麼了？最近工作或生活有遇到什麼困難嗎？」我把個人情緒放一邊，向他保證接下來的談話很安全，我只是想要理解他的情況，如果願意可以和我分享。了解後才發現，原來小華因亞斯伯格症，長期看診服藥。

以前的工作經驗告訴我，在高度競爭的職場環境下，要向同事揭露自己的脆弱，甚至是健康這種高度隱私的事情，幾乎是不可能的事。但是在若水，情況就不太一樣了，做為一個以科技和商業力量解決身障就業問題的社會企業，我們在組織內部推動許多支持身障者和非身障者共融的日常活動和企業文化。

為了進一步了解小華的狀況，我陪他去看診，幫小華看病多年的醫生很驚訝，因為他第一次遇到公司主管帶員工來看診，還以為我是他的家人（笑）。小華並不習慣和人主動溝通，所以醫生不知道他已經在工作了，一直都開會嗜睡的藥給他。

醫生幫他調整了藥物，回到公司以後，我再度面臨了掙扎，「你願意將你的狀況告訴團隊嗎？」小華毫不猶豫的說好。

於是，我在內部開了一個小小的工作坊，感謝小華的勇氣，願意讓我把這次事件當成一個 Team build 的例子，並請每位團隊成員誠實的說出，當你認真工作時看到一旁的同事在睡覺，心理有什麼感受？接著帶大家反思：如果你覺得不愉快，為什麼不敢直接問當事人？

最後，衝突沒有演變成分裂，反而成為強化凝聚力、建立企業文化和工作原則的契機。

小華的故事，其實就是你我的故事。當團隊有足夠的心理安全感，才能夠接受健康的衝突、鼓勵更多元的聲音，員工不用擔心說錯話被懲罰，才能把精力從防衛與規避犯錯，轉移到勇於嘗試創新、為共同目標而努力，每個人更有機會發揮產能、追求卓越。

特別是在快速變動、複雜又充滿不確定性的時代，對外有商業競爭和疫情的挑戰，對內有新型態管理以及遠距協作的衝擊。打造「心理安全感」的地基，可以幫助不同世代、不同背景、不同族群工作者的身心需求，發揮競爭力，接住各種變化球。

作者在書裡提到：二〇一二年 Google 成立亞里斯多德計畫，花了四年進行調查與分析，發現團隊是否有成效，重點在於「團隊如何合作」，而非「團隊成員有誰」。而在各式各樣的合作方法中，「心理安全感」占舉足輕重的地位。他們的結論是：擁心理安全感的團隊離職率低，收益性高。

作者還特別點出，推動心理安全感已是國際重要趨勢。這個要素和 ESG 當中的 S（社會責任），即重視族群、多元性別、身體障礙等面向的 D&I、DEI 或 DIB（這些詞彙目前都有企業採用，即多元、包容、公平及歸屬感）有密切關係，也呼應和聯合國永續發展目標（SDGs）提倡的「不遺漏任何人」（Leave no one behind）。

閱讀本書時我心有戚戚焉，相見恨晚！作者結合專業學術知識，以及訓練超過上百位大企業董事、人事經理、新創 Leader、職員等實戰經驗，精煉出許多心法和方法。

書中提及許多團隊溝通、Team build 的技巧，正巧是我和若水夥伴們這十幾年來工作時，每天都在運用的。除了主管們透過日常的言行，向員工展現、傳遞企業文化，若水內部設計的機制與活動，背後也都有意涵。像是促進深度理解的一對一談話、在正式會議前先閒聊的習慣，舉辦願景工作坊、心理師諮商早餐會等各種活動，皆與作者提到的解方不謀而和，對於企業文化及團隊的發展的確帶來強而有力的挹注。

正如作者所說：「無論你的職務或地位是什麼，你就是為組織、團隊帶來心理安全感的領導者」。希望這些前例，可以為不同背景的工作者解決眼前的難題，放大影響力。

願心理安全感與你我同在。

臺灣版序

三個臭皮匠，勝過一個諸葛亮

日本也有一句諺語：「三個人加起來，也會有文殊菩薩的智慧」（三人寄れば文殊の知恵）。世界其他地方，例如英語也有「兩個頭腦勝過一個頭腦」這句話（Two heads are better than one.）。由此可知，無論何時，不同文化中的人們都知道「集思廣益」的道理。

聯合國永續發展目標（SDGs）中的各種現代課題，也需要多樣性與合夥關係的運用。不同立場的人所帶來的智慧，才能提供解決問題的線索。對生活在現代的我們來說，這也是最重要的事。

我所研究的心理安全感就是「集思廣益」的基礎。日文版出版以來，日本社會普遍同意這個基礎的重要性，各大報紙、電視等媒體也廣泛報導。日本知名大企業、跨國公司的日本辦公室也紛紛邀請我們籌辦心理安全感的相關活動，包括演講、幹部培訓、組織發展諮詢等。

經過各種文化研究調查，大家都知道臺灣與日本有許多共同點。我也覺得臺灣有許多值得日本學習的優秀政策與特徵。

例如在新冠肺炎疫情中，臺灣運用數位的力量，發揮快速（Fast）、公平（Fair）及趣味（Fun）三大特點，政府與民眾合作，迅速封鎖了疫情。此外，還邀請年輕的「社會創新者」擔任閣員的「見習顧問」（Reverse Mentor），向年輕人學習。

二〇一一年三月十一日，日本發生東日本大地震，臺灣捐款逾四十億台幣，並到受災的東北地區煮熱食，我在此以日本人的身分再次表達感謝。

從以上這些情況看來，臺灣應該也有立場相異者互相合作的基礎。我也覺得，本書所提的心理安全感四要素中的「互助」要素，臺灣已相當具備，也很容易發揮功能。但另一方面，我也聽說許多人所屬的組織並未發生「健康的對話（衝突）」。

相信本書的內容不只對日本，對臺灣的各位也有幫助。如果能為臺灣的心理安全感有所貢獻，那就太好了。

二〇二二年六月　石井遼介

前言

「那件事不是很奇怪嗎？」
「我覺得這麼做比較好，因為……」
「我不太懂，你可以教我嗎？」

像這樣直接發表意見或提問，雖只是小事，但其重要性足以左右團隊的績效。

本書所強調的重點：**「心理安全感」就是指無論何時，任何人都可以毫無顧忌的針對組織或團隊的整體績效，率直的發表意見，提問或指出不對勁的地方。**

這乍看之下沒什麼大不了，但要在組織、團隊裡這麼做，卻難如登天。不過是率直發言，到底有什麼難的？

如果你在公司身居要職，經驗豐富、成績斐然，最近業績又十分出色，那麼，率直發表意見就不成問題。但是，請回頭看看自己的職場生涯。

你在菜鳥時期遇過這樣的事吧？你覺得有個地方怪怪的，但因為對方是老鳥，你難以啟齒，結果差點釀成大問題。這時你才確定，果然自己是對的。

不太明白上司的指示，想問又開不了口，帶著滿腹狐疑，悶著頭朝錯誤的方向去做，結果被上司指責。這種事也常發生吧？

你應該會想起，自己曾因礙於狀況或立場而難以坦率發表意見或提問。

讓團隊裡的每個人都能安心直抒己見，亦即建立有心理安全感的環境，是非常困難的事。

要在這千變萬化的時代創造組織的未來，建立能讓每個人直言不諱的環境，是多麼重要的工作。許多研究顯示，**心理安全感能打造有成效的組織與團隊。**

心理安全感因 Google 而廣為人知

Google 於二〇一二年成立亞里斯多德計畫，花了四年進行調查與分析，研究「何謂有成效的團隊」。Google 的研究團隊發現，團隊是否有成效，重點在於**「團隊如何合作」**，而非「團隊成員有誰」。而在各式各樣的合作方法中，「心理安全感」占舉足輕重的地位。他們的結論是，擁有心理安全感的團隊**離職率低**，**收益性高**。

在商業領域把這個見解傳播開來的是 Google，但當然不只 Google 有此主張。除了美國管理學會（Academy of Management），還有各式各樣的學會期刊發表了有關心理安全感的研究成果。經過二十年以上的研究，陸續有證據顯示，心理安全感在工作上有助於「提高業績」、「創新與改善製程」、「提升決策品質」、「共享資訊與知識」及「促進團隊學習」。

不只在商業領域，在新生兒集中治療室這個分秒必爭的醫療現場，也有相關研究指出**「擁有心理安全感的醫療團隊能迅速熟悉處置方式，手術成功率也高」**。

從醫療現場的例子可知，「從容不迫、穩定的團隊才能導入心理安全感」是錯誤的觀念。不如說，要讓眼前這個處於巨變環境、必須有所改變、分秒必爭的團隊有效運作，心理安全感的重要性比從前來得更高。

充滿危機的時代更需要心理安全感

新冠肺炎（COVID-19）於二〇一九年底自中國出現，短短數月就傳遍世界各地。許多國家實施封城政策，要求民眾自律、減少外出。全世界都遭受波及，人口也停止移動。日本發布了緊急事態宣言，數月前無人能料的變化席捲而來。

如今，我們生活在複雜、不確定、看不清方向又變化莫測的「VUCA世界」（Volatility, Uncertainty, Complexity & Ambiguity的簡稱，即「多變性、不確定性、複雜性、含糊性」）。面對這個充滿高度不確定性、沒有正確答案的世界，我們的組織與團隊該如何因應呢？

首先讓我們想想，「有」正確答案的時代是什麼樣子。在那個時代，能夠從過去的成功模式預見未來的成功。

例如，福斯金龜車（Volkswagen type 1，通稱「Beetle」）製造於一九三八年，經過改良後，一直生產到二〇〇三年，六十五年間共生產了兩千萬輛以上。福特T型車（Ford Model T）早在一九〇八年就開始販售，其後約二十年間，產品的設計都沒有太大改變，也生產了一千五百萬輛。

在正確答案是「生產出來就賣得出去」的時代，或正確答案持續不變的時代，只要能迅速製造出便宜、符合標準的無瑕疵產品，就是優秀的團隊。

相反的，在沒有正確答案的時代，昨天為止仍正確的答案，今天未必正確。

因此，邊迅速行動邊摸索「暫定的正確答案」，持續實驗與挑戰，並從失敗中學習，就是非常重要的態度。

此外，也必須掌握市場變化的徵兆。即使公司、組織尚未察覺，你仍不能被「過去的成功法則」所束縛，因為在市場上，這個法則已跟不上時代。

下頁我將列表比較有正確答案的時代／無正確答案的時代之差異。想成為優秀的團隊，就必須改變管理的風格。

比較「過去」與「未來」，就能以另一種角度理解，心理安全感低的團隊會壓抑挑戰與不敢開誠布公的討論，屬於過去的模式。因為世界的變化既快速又複雜，要求以「過去模式」工作的團隊日益減少，以「未來模式」工作的需求加速擴大。因此，從「挑戰、摸索」中促進團隊學習、建立團隊心理安全感的重要性與日俱增。

對我來說，「組織優秀團隊」、「讓大家有話直說」都是迫切的主題。實際上，不只團隊成員，董事、事業群總經理、專案經理都非常辛苦。

有一次，我旗下的事業發生大麻煩。我想到現場向工廠人員或兼職員工蒐集第一手資料，但總是遇到阻礙。雖然廠方表示：「石井先生，真的很抱歉，今後會小心，不會讓同樣的事再發生。」卻不願把問題發生的「原因」告訴我。我得不到解決問題的相關資訊，客戶的報告期限又迫在眉睫，我想，我的臉應該都綠了吧！現在回想起來，我才想到，工廠人員面對因出了問題而從總公司趕來的我，心裡應該很缺乏安全感。

我結合學院的研究與自己在工作現場的實務經驗，致力於心理安全感的研究。具體來說，就是一方面在慶應義塾大學系統設計・管理研究科與日本認知科學研究所學習心理學、組織發展、人才開發、幸福學等最尖端的學院知識，一方面在現場的每個團隊、計畫中活用那些知識。

0-1 過去的時代與未來的時代

		有正確答案 過去的時代	無正確答案 未來的時代
人才、團隊	優秀的團隊	快速、便宜， 精準無誤的團隊	摸索、挑戰， 從失敗與 實作中學習
	所需人才	使命必達	能察覺到變化、 設法解決問題 與創造
	溝通	由上而下	以多元觀點 坦率對話
管理	目標設定的 方式	百分比數字高於去年	設定有意義的目標， 而不以維持 現狀為目的
	預算的分配	選擇與集中	探索與實驗
	成員努力的 動力	不安與處罰	團隊為成員安排 適材適所的工作， 並予以支援
	團隊的立場	現在要賺錢	創造未來！

現在，我在ZENTech公司擔任董事，公司業務就是這些研究與實作。我們提供客戶心理安全感的知識、組織診斷調查（SAFETY ZONE®）及組織發展諮詢。

其中，「心理安全感認定管理講座」不僅在課堂上傳授學院的理論，在課程與課程間隔的數週間，學員會想盡辦法提高各自工作現場的心理安全感，努力使團隊出現成果，並持續將其中的收穫回饋給講座。

在這樣的過程中，我了解了一件事。就是在瞬息萬變的時代，要使團隊產生心理安全感，需要的不只是簡單明瞭的知識，而是有理論與系統支持的實踐。

正因為如此，我才會深入鑽研**「心理彈性」的主題，它能幫助我們在面對每個不同團隊時靈活發揮作用。此外，我也努力探究能改善人類行為的理論與知識體系——「行為分析」（Behavior Analysis）與「語言行為」（Verbal Behavior）**。

我們公司的課程經過一百位以上不同立場與業種的結業生測試，這些結業生包括大企業的董事、部長、課長、人事與經營企畫負責人、新創公司的經營幹部等。而這些經過測試、能在現場有效使用的「理論與實踐」將在本書中濃縮成精華，呈現給大家。

如果能幫助領導團隊的管理者與想改善組織的人「建立有心理安全感的組織團隊」，那就太好了。

石井遼介

二〇二〇年八月

建立心理安全感對團隊的重要性

提高投入度

創新與程序革新

打造擅長適應多變（VUCA）時代的學習型團隊

有健康的衝突

➡參見第 1 章

提高工作績效

改善決策品質

共享資訊與知識

心理安全感的 4 個要素

➡參見第 1 章

① 暢所欲言
→放心提意見

② 互助
→放心提問

③ 挑戰
→放心承認失敗與錯誤

④ 歡迎新事物
→放心做自己

有心理彈性的領導力

能夠因應每個團隊與成員的狀況，以靈活的方式改變團隊。

➡參見第 2 章

❶面對必然會發生的困難，接受無法改變的事

❷朝價值觀前進，致力於可改變的事

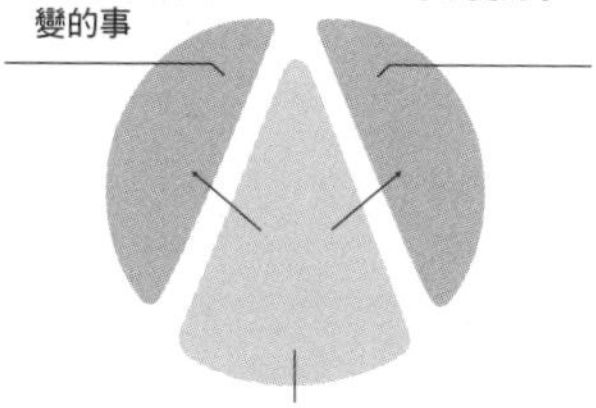

❸有意識的分辨可改變或不可改變的事

行為與技巧

前置刺激 → 行為 → 後果

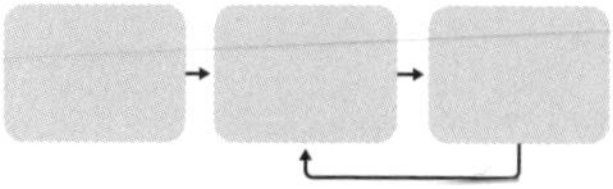

行為分析

能實際改變自己與團隊成員的行為，且增加與 4 要素相關的行為。

➡參見第 3 章

語言行為

3 種規則支配行為：順從行為、追蹤行為、擴張行為的使用技巧

➡參見第 4 章

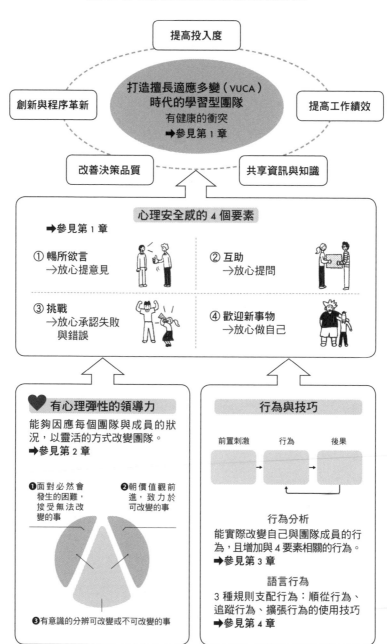

第1章

團隊的心理安全感（知識篇Ⅰ）——27

Contents

第2章

掌握心理彈性❶ 接受無法改變的事——98

Contents

第3章

用行為分析建立心理安全感（實踐篇Ⅰ）

Contents

Contents

Contents

第1章

團隊的心理安全感

知識篇 I

Psychological Safety

何謂團隊的心理安全感？

哈佛大學教授艾美・艾德蒙森（Amy C. Edmondson）在一九九九年建立「團隊心理安全感」的概念。他在一篇目前已被引用超過八千次的論文中，將團隊心理安全感定義為**「團隊成員相信，在團隊中，即使承擔人際關係風險也是安全的」**。

不過，這個定義有點太學術了。對今後想為組織、團隊帶來「心理安全感」的現場管理者來說，可能難以運用。因此，以下我試著整理團隊心理安全感的定義，讓它更方便在現場使用。

擁有心理安全感的團隊，一言以蔽之，就是**「團隊或職場能讓成員在正常狀態下彼此爭論意見，並致力於有利生產的工作」**。無論心理安全感的概念是什麼，理所當然的，大家都認為這點很重要。

不過，在大部分的職場，自然產生的**「人際關係風險」會阻礙「正常狀態下的意見爭論」與「有利生產的工作」**。因此，即使組織裡每個人都想做有利生產的工作，但自然而然的，組織、團隊就是會朝缺乏心理安全感的方向發展。為了加深大家的印象，讓我們來看看所謂人際關係風險高，亦即讓人在心裡感到「不」安全的團隊是什麼樣子吧！

心理的「不」安全感來自何處？

在團隊工作，什麼時候會感覺到「人際關係的風險」呢？

人際關係的風險指**「出於好意的行為仍可能受懲罰」**的風險。例如，在聽了你的發言或看到你的工作成果之後，團隊的其他成員表示，你的話或許會被解讀成某種意思，或你可能會遭受某種對待。也許其他成員會認為：「這沒什麼，我們的團隊不會有懲罰。」但這裡所說的懲罰只是一些瑣碎的小事。

例如，你好不容易依據「公司方針」做了一番嘗試，卻遇到新的質疑與意見；其他人懷疑你進展是否真的順利；或者，即使企畫階段順利通過，如果最後失敗了，也會使你評價降低等。

在心理「不」安全的團隊裡，有受到何種懲罰的風險呢？我詢問實際在團隊中工作的人，得到以下幾種答案。大家在職場或許也會看到類似的事。

●拜託同事做的工作如果不快點完成，就得延期交貨；但如果提醒他，又有被嫌煩的風險（所以只好焦急等待同事的行

1-1 給予懲罰的團隊

順利嗎？

報告只會增加工作

尋找犯人

意見不合導致人際關係破裂

動）。

● 坦白說出意見，有破壞氣氛、惹人討厭的風險（所以就不說了）。

● 想多問一些問題，以確實了解客戶的要求並提出建議；但如果問了，又有被視為「無知」的風險（雖然問了會有收穫，但還是沒問）。

● 大家唇槍舌劍爭論不休，你想詢問發言者的意圖，並整理他們所使用詞彙的定義，但有被視為「多事」的風險（所以就默默看著大家舌戰）。

● 上司久離現場，其見解和正在現場工作的你頗有差距。你想坦率說出意見，但有被認為「沒禮貌」的風險（所以這次依舊遵循上司的方針，但日後證明自己果然是對的）。

艾德蒙森教授將人際關係的風險分為「無知」（Ignorant）、「無能」（Incompetent）、「找麻煩」（Intrusive）、「唱反調」（Negative）四大類。

● 不想被認為「無知」：即使必要的事也不提問、不商量。

● 不想被認為「無能」：掩飾錯誤、不說出自己的想法。

●不想被認為「找麻煩」：即使需要也不求助，工作上看到不足之處仍會妥協。
●不想被認為「唱反調」：不以是非分明的態度討論事情、不坦白說出意見。

如上所述，**團隊成員為了讓團隊取得成果或對團隊有所貢獻，起而行動，卻可能因此受到懲罰；對此狀況感到不安，即為人際關係的風險**。如果行動會受懲罰，不如按兵不動。**身處因為害怕這種風險而缺乏心理安全感的職場，不知不覺中，成員就連在必要時也不行動了**。從「團隊學習」的觀點來看，成員漸漸不行動、心理「不」安全的職場有以下兩大問題：

1 **挑戰變成風險，成員無法從實踐、摸索及行動中學習。**
2 **每個成員所察覺、理解到的事情，無法順利轉化為團隊的財產。**

也就是說，團隊不再是團隊，而只是各別個人所組成的團體（Group），個人的心得無法成為組織、團隊的養分。相反的，在有心理安全感的職場，成員不需費力對抗懲罰與不安，或揣測他人心意；而能投入具生產力的工作，努力做出成績，在正常狀態下彼此爭論意見。我將心理安全感高與心理安全感低的團隊進行比較，結果如下圖。

提高心理安全感等於打造有學習力的團隊

擁有心理安全感有什麼好處呢？

比較了心理安全感的高低之後，發現**心理安全感高的團隊中長期績效較佳，因為心理安全感能促進團隊內的學習風氣**；從結果來看，這顯然會

1-2 心理安全感高的職場

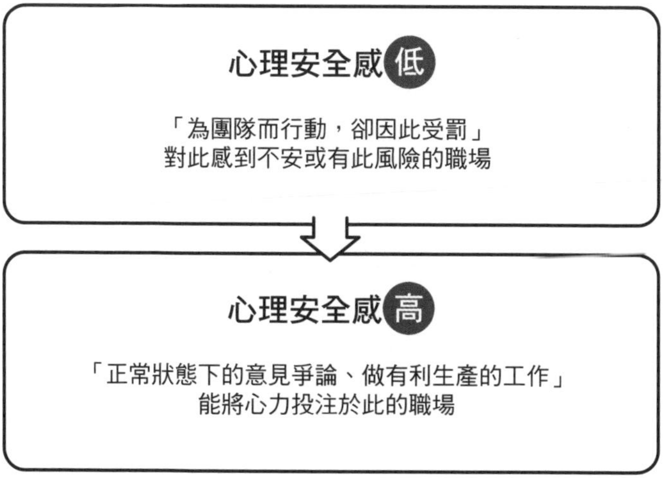
心理安全感低
「為團隊而行動，卻因此受罰」
對此感到不安或有此風險的職場
心理安全感高
「正常狀態下的意見爭論、做有利生產的工作」
能將心力投注於此的職場

提高績效。也就是說，**團隊心理安全感能促進團隊內的學習，因而產生高績效的結果**。心理安全感還有其他各式各樣的好處，促進團隊學習可說是其中最重要的一點。

這裡的重點是，**團隊心理安全感始終是團隊績效的領先指標（Leading Indicator）。也就是說，心理安全感一開始會促進團隊學習，實際績效提高則是中長期的結果**。

因此，如果以提高心理安全感為目標，卻因不能立即看到成果而放棄，是非常可惜的事。

「團隊」到底是什麼？

本書到目前為止，已多次使用「團隊」這個

1-3 心理安全感促進團隊的學習

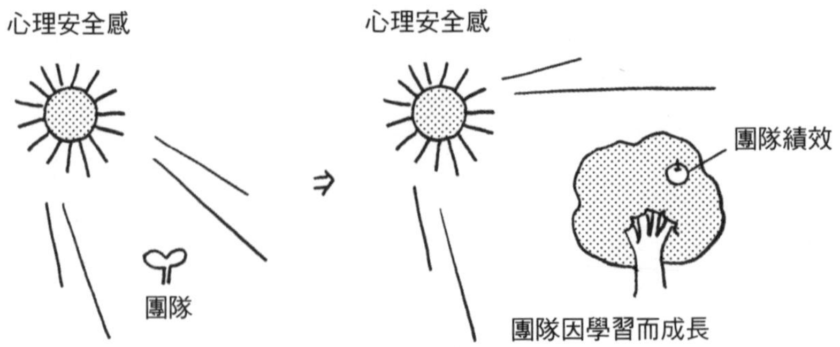

詞。現在，我們在職場都非常自然的使用這個詞。

麻省理工學院（MIT）的奧斯特曼（Paul Osterman）教授說：**「在職場，團隊這個概念本身就是一九八〇年以降最普及的新發明之一。」**也就是說，在職場（而非運動領域）導入團隊的觀念，是比較近期的事。

讓我們來思考一下「團隊」到底是什麼。請試著想像以下場面：你獨自參加演講會，同桌左右皆坐著陌生人。演講開始了，講者登台，向大家打招呼：

「請和你同桌的左右鄰座組成一個三人團隊。」

同桌的三人真的是「團隊」嗎？至少，左右張望、客氣點頭的這三個人恐怕沒有「團隊感」。

1-4 從團體到團隊

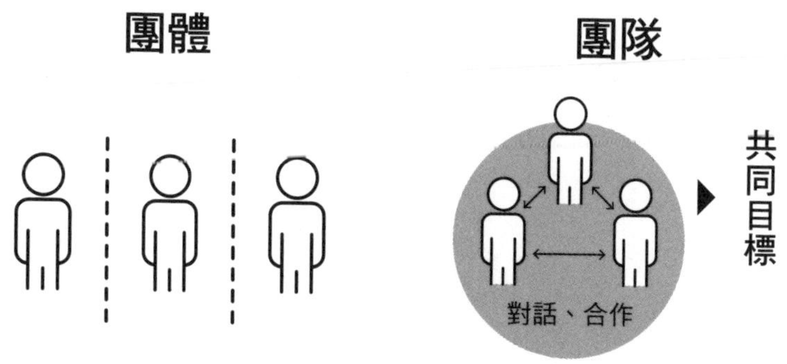

那麼，如何才能使單純的個人集團（團體）變成團隊呢？

如前頁圖1－4所示，**「一起動腦筋想出點子，共同致力解決問題，一起朝某個目標努力，就成了團隊」**。

大家開誠布公的討論想要到達的目的地與面臨的問題、嘗試已決定的事、遇到麻煩時互相幫助、發揮個人的強項與特色、一起向前走，彼此擁有健康的依賴關係，在這樣的關係下進行交互作用。在這個過程中，**單純的個人集合體漸漸變成了「團隊」**。

遠距工作所面臨的問題

因應新冠肺炎，日本政府發布緊急事態宣言，某些業種的職場不得不改為遠距工作（在家上班），在我主講的活動上也聽到許多關於遠距工作的問題。

聽了各式各樣的問題，我覺得重點在於**「如果遠距工作前只是團體，那麼，原本是由辦公室這個場所把每個人連結在一起，一旦改為遠距工作，連結就鬆散了；如果原本就是團隊，改為遠距工作後，依舊能以線上的方式繼續對話與合作」**。

因此，若原本只是團體，改為遠距工作後，首先要面對的課題就是人際關係、團隊打造，以及如何為成員帶來心理安全感；若原本已是團隊，要面對的課題就是促進線上合作、網路速度、工具、結構及制度。

如果團隊尚未形成，這些問題原本就存在，遠距工作只是把問題搬上檯面而已。團隊形成前的人際關係中，無法信任部屬的上司經常使用細部管理（Micromanagement）的方式，例如以監控軟體監視部屬，或要部屬定期報告等，更降低了彼此的信任度與生產力。

1-5 團體與團隊的遠距工作課題

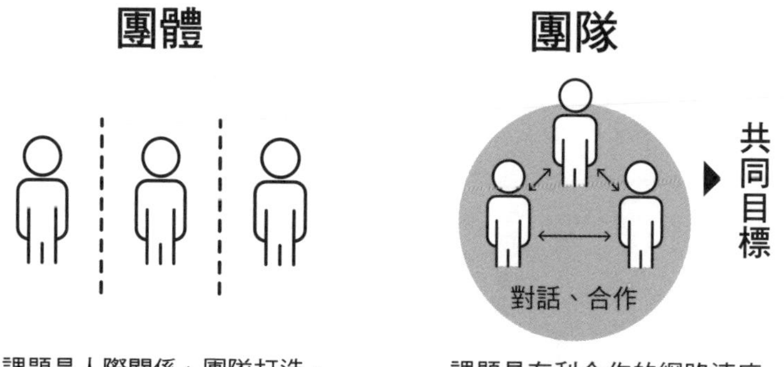

課題是人際關係、團隊打造、心理安全感

課題是有利合作的網路速度、工具、結構及制度

對心理安全感的常見誤解

「心理安全感」這個詞若光從表面或字面上來解釋，容易產生誤解。**有心理安全感的團隊既非擅長外交的團隊，也不是如在家般舒適自在的職場；不只是團結的團隊，也不是會快速妥協的「鬆散」職場。**

例如，站在體育界的思考領域，「團結的團隊」被描述為正面的意思，團結一致朝目標前進被視為團隊的理想。但反過來看，**「團結的團隊」其實也可說是難以提出異議的團隊。**擁有心理安全感的團隊與其說是團結的團隊，不如說是在大家看似意見一致時，仍能毫不避諱的提出反對意見的團隊。

對心理安全感最大的誤解，就是以為有心理安全感的職場是「鬆散」的職場；亦即人際關係一團和氣、不遵守期限、不願承擔稍微超出能力範圍的工作，只待在舒適圈的職場。會有這樣的誤解，是因為大家以日常的意義來解釋「安全」──即使什麼都不做、不努力，也是安全的。

不過，**心理安全感的「安全」是指成員為團隊或工作績效而發言、嘗試或挑戰，都**

能安全無虞（不受懲罰）。實際上，要解開「鬆散職場」的誤解，讓心理安全感發揮作用，重點在於「工作標準」。接下來，我想先說明何謂「工作標準」，讓大家了解「工作標準」與「心理安全感」的關係。

高標準讓工作更進步

工作標準低的團隊，多為寬綽有餘、沒有工作難題的團隊。可能是高營收的部門，也可能是團隊目標籠統，例如意圖規劃某種新事業，但沒有期限；或在法律與制度的保護下，過去數十年都在一成不變的市場上獲得廣大市占率。這類團隊往往工作標準較低。

組織、團隊的領導者如果發現某些工作的標準太低，就必須把標準提高。若是成員普遍對工作抱著忽略的心態，覺得「差不多這樣就好了」，追求成長的優秀人才將對團隊喪失信心。

那麼，給成員看的「高工作標準」該如何定義呢？一般人往往認為，要提高工作標準，重點在於「提高目標」。但這種想法其實是錯的。

實際上，在工作場合，幾乎沒有任何企畫案是在人力資源、設備、資金、時間等完全充裕的條件下執行的。在無法百分百完美的情況下，主要必須從截止期限、交貨日期開始做出妥協。**所謂的高標準，就是指高妥協點**。

比如說，原本設定的目標過高，如「下期要賣出一百兆日圓」，但下期開始後不久，領導人就妥協，把目標改為「比去年增加百分之五」。這樣的領導者妥協點太低，在他提出的高目標時，成員也不會產生共鳴。

另一方面，也有領導人認真訂出目標，努力實行，即使知道半年後難以達成，但團隊的行動更加持之以恆，也嘗試了新事物，成員也順利共享了過程中所獲得的知識。

還有領導人會降低目標，但並非為了適應現實，而是**一方面保持高妥協點，一方面讓工作有所進步**。大家會覺得這樣的領導人標準很高，而從事高標準工作的團隊成員即使遇到困難，也會為達成目標而努力貢獻一己之力。

心理安全感與工作標準的四象限

以下我整理的表格是以艾德蒙森教授的表格為基礎，有助於解開「心理安全感＝鬆散職場」的誤解，也能讓大家看見高標準工作將「心理安全感」與團隊的學習、績效結合在一起。

下表是將「心理安全感」的高低放在縱軸，「工作標準」的高低放在橫軸的矩陣。請從左上角開始，以逆時針方向來看。

鬆散型職場

心理安全感這個詞很容易讓人聯想到「鬆散型職場」，亦即在「心理安全感

1-6 心理安全感與工作標準

		標準	
		低	高
心理安全感	高	**鬆散型職場** 舒適圈 缺乏工作的充實感	**學習型職場** 學習成長的職場 健康的衝突與高績效
	低	**萎靡型職場** 不做額外的工作 明哲保身	**嚴苛型職場** 以不安與懲罰來控制員工

高、工作標準低」的情況下，職場中有時會出現不嚴格遵守期限、工作產出品質低劣但未受指責的情形。鬆散型職場的形成，不是因為心理安全感高，而是因為**工作標準低**。

因為心理安全感高，大家會互提意見、彼此合作。雖然工作很愉快，但因工作標準低落，期限總是一延在延，目標未達成也無能為力，成員總想著「差不多這樣就好了」。

待在這樣的「舒適圈」裡，工作的確不會太辛苦勞累，但也幾乎感覺不到工作帶來的充實感。追求成長的職場工作者可能會有危機感，開始考慮轉職。

萎靡型職場

接著，我們來看看「心理安全感低、工作標準低」的職場。

這樣的職場心理安全感低，**在成員為了提高團隊績效、對團隊有所貢獻而行動時，有被懲罰的風險**。此外，因為工作標準低，**成員沒必要冒著風險與他人積極互動**，形成互不關心的職場文化。

組織、職場一定會發生的意見不合或對立，不會出現在萎靡型職場中。職場成員逐漸陷入消極主義，覺得多一事不如少一事。這點在後文「健康的衝突」項目會再詳細說明。

比起拿出成果，成員把更多心力放在裝忙，以及隱藏自己的弱點以免失分。除了被指派的工作之外，什麼都不做。亦即抱著公務員般的「鐵飯碗心態」，或像以B2C直營模式（譯注：電商經營模式的一種，由廠商直接賣東西給消費者，如蘋果官網或亞馬遜自營商品）建立市場的獨占與寡占之後，深信「我們公司絕對不會倒」，業績壓力又低的情況。這樣的情況容易形成「萎靡型職場」，或前一項的「鬆散型職場」。

嚴苛型職場

那麼，「心理安全感低，工作標準高」的職場又是什麼樣子呢？

試著想像一下沒有團隊或組織的支持，也沒有可以商量的人，但有高工作量的營業團隊。應該不難想像吧？

乍看之下，「嚴苛型職場」也有士氣高昂的一面。但在「嚴苛型職場」中，說出團隊真正需要的反對意見、重新追究根本問題或確認目的，都是忌諱的事。這樣的職場會命令成員：「不要想東想西，拿出成果來！」成員也會努力避免受罰，這點在第三章討論「嚴格的管理方式所帶來的影響」時會再詳述。

我親眼目睹過「嚴苛型職場」（眾所皆知的日本大企業）的狀況。經理採取嚴厲的管理風格，會大聲斥責部屬，挑剔報告書上的錯誤。經理是個優秀的人，他知道自己的風格可能會讓部屬噤口不言，所以嚴加命令部屬：「即使是壞事也要馬上報告！」對部屬而言，這是地獄的開始。因為說了會被罵，不說也會被罵。不過，狀況逐漸變得更複雜。

課長觀察經理的臉色與時間安排，發展出一套「生存策略」。他會指示部屬：「〇〇啊！現在經理心情很好，快去報告！」並告訴部屬，要在經理等電梯準備回家時向他報告；因為經理想回家了，即使被罵，時間也不會太久。後來，部門內有了一份眾人傳閱的「應付經理指南」，內容十分詳盡，包括「報告時要和客戶一起去，因為經理不會在客戶面前怒吼」、「基本上，經理會否定他人的意見，所以要準備資料，想出自己的結論與方針」等。如果這些人不再只關心部門內部的事，而致力於提高績效，生產力不知會提高多少？

這種「嚴苛型職場」式的管理，**部屬很容易感受到管理者的嚴格**。上司本人雖是處罰的來源，但他實際上很難監督到細節；而上司監督不到的細節裡，並沒有上司的管理精神。而且，成員若把時間花在「應付上司」，公司就必須付出相當高的管理成本，才能使成員發揮全部潛力。此外，由於許多狀況下無法監督、遠距工作時，「嚴苛型職場」的管理機能特別難以運作。

學習型職場

最後，我們來看看右上方「**學習成長型職場**」，**心理安全感與工作標準都很高，且能巧妙因應社會的變化**，從挑戰與實踐中學習，最後終能獲得成果。這正是本書中我們所追求的職場。

換句話說，**「高工作標準」使心理安全感發揮作用**。本書的目標並非心理安全感高（但工作標準低）的組織團隊，而是心理安全感與工作皆高，且成績卓越的組織團隊。

「學習型職場」與「嚴苛型職場」只有心理安全感的高低不同。兩者比較之後，可以發現有件事顯然很重要，就是如何保持高標準。

為保持高標準，**「嚴苛型職場」以不安與懲罰驅使成員努力工作**，威脅成員「要拿出成果，否則……」。當然，這樣的管理風格或許比「萎靡型職場」更有績效，但成員努力的一部分原因，也是為了免於受罰與保護自己。

而在「學習與成長型職場」，心理安全感與工作標準皆高。這樣的職場提供了以下四種條件，以保持高標準，並鼓勵成員拿出成績。

- 支援：成績不佳時，不會懲罰成員或使成員不安，而是提供諮詢與點子。
- 意義：組織、團隊與企畫會設定遠大、有意義的目標，讓成員感覺到工作有價值，並獲得成長（在第四章第239頁「用語言建立『標竿』」會詳細討論）。
- 回報：即使沒達到目標，但成員付出預期中的努力時，仍會得到認可與感謝，並被鼓勵採取更適當的行為（藉由第三章了解改變行為技巧的「行為分析」）。
- 安排：適當安排職位，使人盡其才，成員將會自動自發努力（第三章第204頁「有價值的行為」）。

實際上，**這種心理安全感與工作標準皆高的組織會助長衝突。**缺乏心理安全感的職場，可能會有人盡量避免「衝突」，好讓工作能進行下去。但是，「健康的衝突」反而對業績有正面影響。

健康的衝突使團隊成長

工商管理學（Business Administration）領域中的組織理論（Organization Theory）對「衝突」（Conflict）提出三個定義：

1 關係衝突（Relationship Conflict）

2 任務衝突（Task Conflict）

3 程序衝突（Process Conflict）

第一項關係衝突指人際關係的衝突，與對人的好惡有關。第二項任務衝突指對同一問題或現象有不同意見，亦即意見衝突。第三項程序衝突指工作上互踢皮球的狀況。

有一篇對數項研究進行橫斷分析的論文，做出「這三種衝突基本上都對工作有負面影響」的結論。但實際上也有研究結果顯示，**在確保心理安全感的狀況下，只有任務衝突對業績有正面影響。**

在沒有心理安全感的情況下，意見對立容易演變成人際關係的對立。在重視人際關係的場合，為避免意見對

1-7 健康的衝突使團隊成長

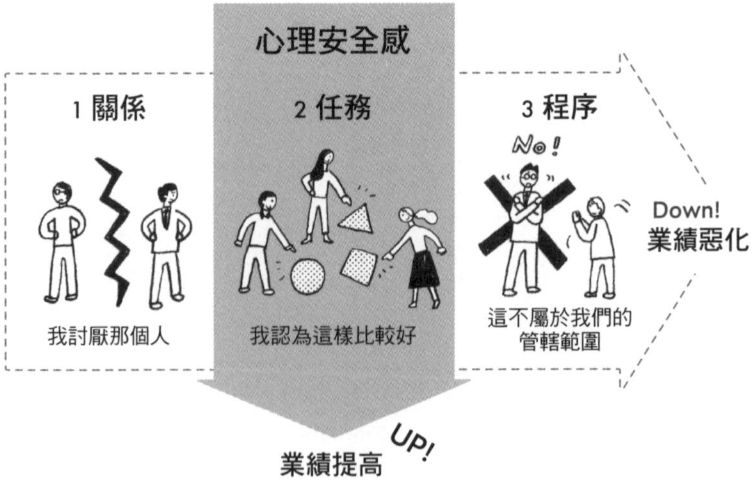

立，大家會不好開口提出意見。如此一來，成員就沒有學習的機會，工作表現也無法改善。因此，為得到好的業績，在有心理安全感的情況下發生健康的衝突，是很重要的一件事。

如果一直以來都認為「衝突是壞事」，避免意見對立，那麼，試著朝「判斷衝突是否健康」與「鼓勵健康的衝突，調整不健康的衝突」的方向改變，對團隊學習來說是重要的第一步。

心理安全感有何作用？

前文提過，團隊心理安全感會促

1-8 心理安全感的效果

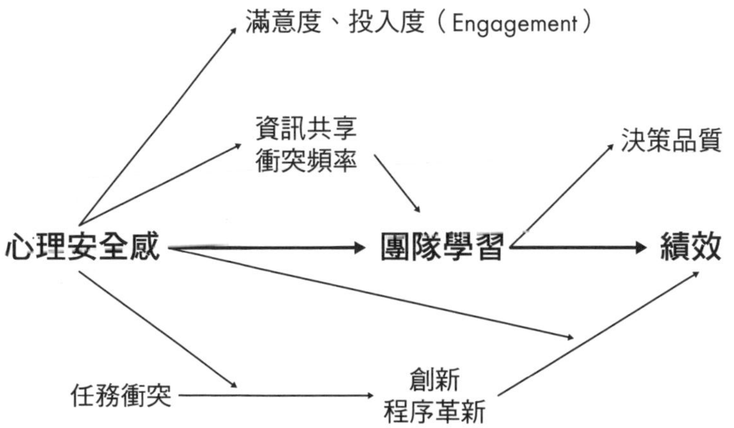

進團隊的學習，從中長期來看，能提高工作績效。

之前介紹過的Google研究也顯示，**擁有心理安全感的團隊會提高績效與創造力，成員離職率低，收益性高，並能有效運用各式各樣的創意。**

如前文所述（圖中粗體部分），心理安全感可促進團隊學習、提高績效；而資訊共享與衝突頻率的提高則是促進學習的機制，會強化「從失敗中學習」的行為。此外，團隊學習不只可提高績效，還能改善決策的品質。

以創新的觀點來看，心理安全感可透過「健康的任務衝突」，幫助創新與程序革新。另一方面，雖然未必所有創新都對提高業績有貢獻，但心理安全感在連結創新與組織績效方面扮演了重要角色。

從對團隊的理解來看，**心理安全感也提高了成員對團隊的滿意度與投入度。**

在一項比較「團隊效能感」（Efficacy）與「心理安全感」的研究中，發現了有趣的結果：兩者皆有助於績效，但心理安全感對績效的幫助更大。也就是說，擁有心理安全感，能率直提出意見、互相幫助的團隊，績效高於認為自己的團隊人才濟濟且工作能力強的團隊。

日本版「團隊心理安全感」的四個要素

我們的研究團隊參考調查研究的科學手法——updated COSMIN（譯注：自陳式問卷〔self-report questionnaire〕在醫療領域的國際標準，請參考：https://www.cosmin.nl/），開發組織診斷調查，用來測量組織的心理安全感。目前為止測量了日本五百個團隊，共計六千人的心理安全感。

開發日本版「團隊心理安全感」，有幾個理由。心理安全感研究的第一人艾德蒙森教授已在論文、書籍上發表了測量心理安全感的問卷，共有七個題目。但實際上，把這些題目用於測量日本的團隊時，出現了幾個問題。（編注：有別於西方職場現況，日本職場與台灣情境類似，故非常具有參考價值。）

- 在文化與社會結構多元性的前提條件上，日本與美國大不相同，對「異質」（譯注：科學與統計學中一種物質至少一種特徵的分布明顯不均勻）這個題目的解釋也南轅北轍。
- 許多受測者反應有些題目不夠明確，如「這個團隊在冒風險時也很安全」（It is safe to take a risk on this team.）。
- 天花板效應（Ceiling Effect）：由於得滿分的人很多，有幾題看不出高分者之間的差異。
- COSMIN 這種科學手法適用於調查受測者的主觀想法，被用來制定醫學指標，是非常嚴謹的方法。它在二〇一八年經過大幅更新，因此，一九九九年艾德蒙森教授發表的題目也必須重新檢視。

基於這些理由，艾德蒙森版的問卷應用於日本時有其限制。於是，我任職的 ZENTech 公司與慶應義塾大學系統設計・管理研究科的前野隆司教授合作，共同開發日本版的題目（測量尺度）。

我們參考 updated COSMIN 來設計題目，與艾德蒙森版比較之後，只選擇信度（Reliability）高的題目，再經由驗證來確定效度（Validity）。

從研究過程與工作現場的測量中可看出，**日本的組織如果具備①暢所欲言②互助③挑戰④歡迎新事物這四個要素，就會有心理安全感**。實際上，用這四個要素測量組織、團隊所得的結果，我拿來和許多經營者、人事部經理、組織團隊領導者反覆討論過，他們都相當認同。

此外，提出這四個要素，也是為了表示**我們的目標並非「消除」艾德蒙森所提出的對無知、無能、找麻煩、唱反調的懲罰或不安，而是「擁有」暢所欲言、互助、挑戰、歡迎新事物這四項要素**。

1-9 日本的心理安全感四要素

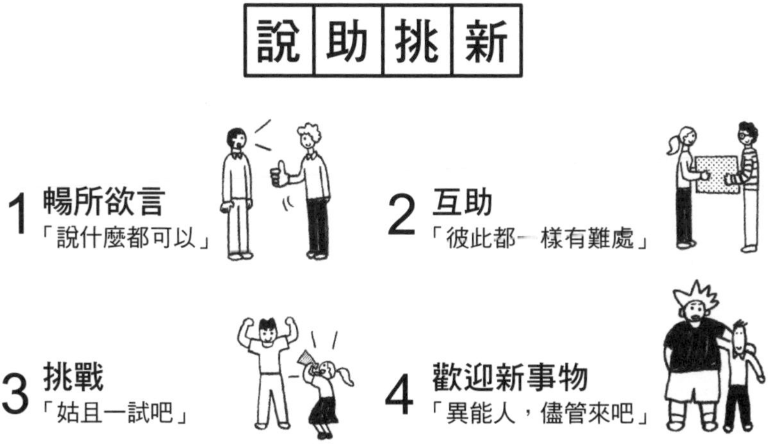
說 助 挑 新
1 暢所欲言
「說什麼都可以」
2 互助
「彼此都一樣有難處」
3 挑戰
「姑且一試吧」
4 歡迎新事物
「異能人，儘管來吧」

①暢所欲言 說

四個要素中最重要的一個，也是其他三個要素的基礎。**要掌握工作和其他人的狀況、從多元觀點判斷事情、蒐集率直的意見與想法，這個要素是不可或缺的。**

擁有這個要素，團隊中就會有許多人進行報告、聯繫、表明意見與立場、分享資訊（包含閒聊在內）、為理解指示與委託而提問。以下問題可用來辨識團隊能否「暢所欲言」：

- 大家方向一致時，如果有反對意見，能不能提出來？
- 發現問題與風險的時候，團隊是否允許發聲？
- 有不知道或不懂的事情時，能否直接提問？

在能暢所欲言的團隊，成員在報告時不會隱瞞負面訊息，因為「事實終究是事實，必然會浮出檯面」。討論時，團隊若能允許成員直接反應自己的願景與意見，也可說是能暢所欲言的團隊。

②互助

這個要素超越一般業務與例行工作，**在發生問題、需要迅速因應處理，以及團隊需要較高產出時，扮演相當重要的角色**。

擁有這個要素，團隊在發生糾紛或停滯不前時，任何該知道的事實，成員都能知道，且能進行諮詢、尋求支援與合作。此外，也能超越負責人或團隊、部門間的界線。必要時也會委託客戶，讓客戶承擔必要的責任，完成該做的事。

以下問題可用來辨識團隊是否「互助」：

- **發生問題時，是否不責怪他人，提出建設性的思考解決方法？**
- **無論何時，團隊領導人與成員都能彼此商量嗎？**
- **這個團隊是扣分主義還是加分主義？**（譯注：組織的評鑑方法，可用來評鑑人事等方面。犯錯或出問題時，從滿分開始扣起。）

所謂的互助，並不是指把企畫細分為多項任務，每人各自完成後，將成果累積起來，完成企畫。一個團隊是否互助，要看成員間是否發生良好的交互作用。「在自己的責任範圍內，一個人設法解決問題」，這樣的態度與互助恰恰相反。

最近，自我揭露（Self-disclosure）與暴露自己弱點的領導風格特別受重視，這應該與職場希望加強互助精神有關。

③挑戰 挑

這個要素帶給團隊活力。**在因應時代變化，摸索新事物，以及改變應改變的事物時，這個要素相當重要。**

擁有這個要素，在沒有正確答案時，團隊仍能在過程中摸索、實驗，掌握機會。此外，團隊也歡迎玩笑般的點子或假設；在符合邏輯的正確答案之外，也能有跳躍性的嘗試。以下問題可用來辨識團隊是否具「挑戰」要素：

- 這個團隊是否認為挑戰不是損失，而是收穫？
- 沒有先例或實際成績的措施，團隊會採用嗎？
- 想到了有趣的點子，儘管有點脫離現實，是否仍想分享給團隊，也想實際做做看？

這裡所謂的挑戰，也可說是**團隊的「摸索」與「嘗試錯誤」**。不需為了嘗試某件事而盡量保持處理權與自由度，失敗時也不要批判，重點是要專心從嘗試錯誤中學習與改進。也就是人們在**想出點子、強化點子、發表、獲得回饋後，漸漸擺脫共同創造的充滿阻礙的環境**。

擁有心理安全感，就能享受驗證假設與在摸索中學習的過程。我們可以把挑戰視為一系列的活動，**不只要「姑且一試」，還要回顧（反思）嘗試過的事，判斷要改善還是撤退**。用這樣的方式致力於挑戰吧！

④歡迎新事物 新

在這個沒有正確答案的時代，要**讓每個成員由下而上發揮才能，從多元觀點掌握、因應業界與社會的變化**，這個要素相當重要。擁有這個要素，就能從過去的常識中解放，針對個人才能安排適當位置，也能以團隊產出的最大化為目標來分擔任務。**比起第三項的「挑戰」要素，這個要素更將重心放在「人」身上**。以下問題可用來辨識團隊是否「歡迎新事物」：

- **團隊是否歡迎成員因應不同任務發揮強項與個性？**
- **團隊是否歡迎成員不囿於常識，提出各式各樣的觀點與看法？**
- **團隊會把引人注目的事視為風險嗎？**

把人視為同質團體，當作齒輪與工具般，以千篇一律的方式對待，對管理方來說比較不費力。但在VUCA時代（意指代表易變性〔Volatility〕、不確定性〔Uncertainty〕、複雜性〔Complexity〕、模糊性〔Ambiguity〕的時代），團隊若要有競爭力，以同質性為前提的管理方式顯然有所不足。這個要素能承擔管理所花費的時間心力，有效利用各人的多樣才能，同時向組織的理想與團隊所重視的方向前進。

這個要素與D&I（Diversity & Inclusion，多樣性與包容性）及DIB（Diversity, Inclusion and Belonging，多樣性、包容性及歸屬感）有密切關係。D&I備受日本大企業與公共部門矚目，在聯合國永續發展目標（SDGs）中也是一大主題。

聯合國永續發展目標共有十七項，目的是為了**「不遺漏任何人」（Leave no one behind），使永續性、多樣性與包容性的社會得以實現。要達成這個目標，就必須「歡迎新事物」**。

從美國的標準來看，只要組織在徵才時有適當的錄用標準，就可達成「多樣性」的目標。但在日本，徵才時必須設法召集各式各樣的候選人，才可能達成組織的多樣性。雖然難度很高，但從包容性與歸屬感的觀點來看，日本組織的課題十分重要。不只種族與國籍的包容性，光是性別就是一大課題。大家都知道，在組織的最高層，如果沒有一個與自己相似的人，就很難產生歸屬感，但日本大企業的高層幾乎都是「男性」。

為了讓組織團隊有機會學習成長，環境中必須能聽到各式各樣的意見。因此，團隊不只要有多樣性，還要以更廣泛的包容性來提高歸屬感，才能促進多元意見的表達。因為，當團體的多數成員被認為是同質的，其中感到自己屬性不同的人就不會覺得團體需要自己的聲音。因此，為了讓成員將自我發揮到極致，領導人必須注意成員對組織是否有歸屬感。

為了增強「歡迎新事物」的要素，應該要注意特定的人是否有難以發言或難以施展身手的情況。要將對成員的包容性、成員的歸屬感及多樣性與工作績效結合，心理安全感，尤其是「歡迎新事物」要素扮演了重要角色。

心理安全感變化的三階段

變化三階段與環境前提

探討了四個要素之後，要為大家介紹心理安全感變化的三個階段（見下頁表格）這三個階段也是阻礙四要素的環境因素，對思考處理效果也非常重要。

我們先依照容易改變的順序，從下頁圖最下方往上看。「行為與技巧」指團隊中每個人的行為，或是否在恰當時機做出正確的行為。「關係與文化」指團隊中人從每次的行為與行為累積的結果中，學到的團隊習慣與行為模式。「結構與環境」指公司、企業或工作運作方式本身引起的結構性問題。

1-10 心理安全感變化的三階段

難以改變 ↕ 容易改變

	定義	處理方法
結構與環境	公司、企業或工作運作方式本身引起的結構與環境因素： • 權力平衡 • 組織結構 • 彈性程序 • 業態的限制	難以直接處理，應將之視為「前提」，研究其中發生了什麼事
關係與文化	組織、團隊的歷史所造成的團隊習慣與行為模式	第二章「心理彈性」 第四章「語言行為」
行為與技巧	是否每個人都採取行為、是否在恰當時機做出正確行為（技巧）	第三章「行為分析」 第四章「語言行為」

本書的討論範圍是在「關係與文化」層次，團隊心理安全感是在這個階段產生。因為，「結構與環境」對心理安全感的影響是最難改變的。

首先，我們來討論「結構與環境」（環境前提）。有什麼樣的「結構與環境」、對心理安全感產生什麼樣的影響，端視業種、業態及組織而定。**我們在處理結構與環境時，基本上把它當做前提，只研究它的影響。**

「結構與環境」大致可分為四類：權力平衡、階層結構．權力距離與核准程序、職種與工作程序、業態的限制。

市場與公司內部的權力平衡

大部分的情況下，與客戶間的權力平衡是由「可替代性」（Substitutability）與「銷售份額」決定。假設你經營的商品在市場上有許多同類競爭者（可替代性高）；一間企業客戶占了你的公司的八成業績（銷售份額高），你的公司便處於弱勢。因為如果不跟這個客戶交易，公司就會蒙受極大損失。

另一方面，如果你的公司像手機商一樣，全日本只有幾家；或在某個地區的競爭者非常少，每個消費者的平均銷售份額也很低；那麼，相對於消費者，你的公司處於強勢位置，就算有一個消費者退會，也不影響整體數字。交易中權力不平衡會對心理安全感產生負面影響，處於弱勢者更是如此。

如果你說「（處於強勢立場的）客戶希望採用這種規格」，公司通常會通過採用客戶想要的規格。不過，如果你對企業客戶表示：「我們想提出最好的提案，如果本公司的技術人員也列席，您能告訴我們為何想改成那種規格嗎？」或許你們之間會合作愉快。這種權力平衡很難改變，強勢企業如果想和弱勢企業有良好的合作關係，就必須從本身做起，製造心理安全感。

不只在企業間如此，企業內組織間的結構也都一樣。「總公司」和「分公司」的權力關係自不必說；公司內銷售額最高的團隊擁有權力，管理部門相對處於弱勢，也是同樣的道理。

階層結構、權力距離與核准程序

決策或核准的程序與層級，是依據組織的階層結構與報告線（Report Line）的設計方式而形成。程序與層級的多寡對心理安全感有強烈影響，尤其在需要額外的核准程序時，對「挑戰」要素會形成更多障礙。

此外，如果上司與部屬的等級差距太大，除了影響「挑戰」要素，還會削弱第一項「暢所欲言」與第四項「歡迎新事物」要素。「上司與部屬的等級差距」包括權限層次與經驗層次的差距。

權限層次指擁有調動與解雇的權限，以及在日常業務中需要多少批准和許可。經驗層次則是指某項專業上的經驗多寡。上司與前輩經驗太豐富，會讓部屬或後輩覺得自己太過缺乏經驗、自己的點子與意見沒有意義，以致對第一項「暢所欲言」與第四項「歡迎新事物」造成阻礙。

職種與工作程序

工作程序中，上層所做的決定很難被下層推翻。因此，處理權與自由度通常會慢慢降低。這不是問題，只是工作的前提。在企畫構想與概念想像階段，自由度與處理權有很大的空間；但隨著企畫與規格的固定，自由度與處理權也會漸漸減少。

例如，雖然是由銷售團隊接單，但經過需求定義（Requirements Definition）與設計，轉到現場的開發組時，許多事項已經決定了。在這種情況下，開發組的處理權相當少，心理安全感（尤其是「暢所欲言」與「挑戰」要素）往往會因此降低。

此時，仍可試著透過「互助」與「歡迎新事物」，達成最適當的位置分配與角色分工，最好把這種情況視為在工作程序中或時間軸前後變化的「權力平衡」。

業態的限制

最後，我們來討論「業態的限制」。

在工廠工作時，為了保持衛生，人員必須戴上口罩與頭罩；在無塵室時，原則上禁止對話。這種情況比一般環境更難以溝通。美國總公司與日本分公司開會時，日本的員工即使不擅長英語，有時也不得不用英語溝通。這些雖不是權力平衡的問題，但是會阻礙溝通、降低心理安全感。

以上介紹了「結構與環境」的四種類型。「結構與環境」雖然會影響心理安全感，但在現階段，與其說它是問題，不如說它只是「前提條件」。接下來，藉由改變「行為與技巧」、「關係與文化」，**結構與環境中的「權力平衡」及**

1-11 心理安全感隨處理權而改變

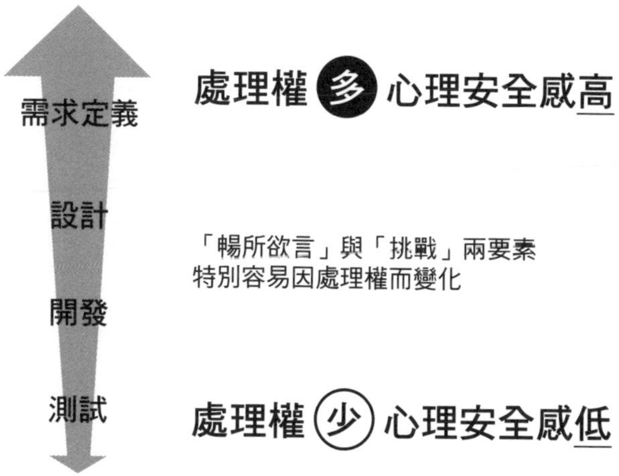

「階層結構、權力距離與核准程序」或許也有改變的可能。尤其是前者，更有可能因「你的組織、團隊被選為不可替代的真正合作夥伴」而改變。

在「階層結構、權力距離與核准程序」方面，也有可能因為「你的團隊因心理安全感而績效良好」，使上層再度考慮到心理安全感的重要性，思考「現在的組織型態是否符合心理安全感的條件」，促使改變的發生。

所以，請大家先把焦點放在「行為與技巧」、「關係與文化」這兩個階段。

你就是帶來心理安全感的領導者

當你想為自己的組織、團隊帶來心理安全感，並打算行動時，無論你的職務與地位是什麼，**你就是為組織、團隊帶來心理安全感的領導者**。領導者有時會很孤獨，但為組織帶來心理安全感仍是有價值的工作。

在心理「不」安全的職場，員工認為薪水是自己忍受痛苦的津貼；工作是為了保護自己，或免於受責罵；發生問題時，大家會尋找罪魁禍首。若能使這樣的職場產生心理安全感，大家就能追求有意義的目標、發生正常的意見衝突、彼此互助，推動工作前進。

有了心理安全感，工作的人眼中會恢復熱情，從工作本身就能獲得充實感，團隊則擁有高妥協點。心理安全感能讓團隊裡的每個人發光發熱，成長與績效兼得。

身為為團隊帶來心理安全感的領導者，希望你能導入以下兩種觀點。

把自己放在「問題」中

第一種是**試著把自己放在問題中**。

我們總是會想東想西，並被自己的想法所束縛。**人類擅長在別人身上發現問題，而將自己置於問題之外**。例如，認為「那個大嗓門前輩是我們職場引進心理安全感的障礙」、「那個新人目前能力不足，讓我很困擾」等等。不過，你的行為可能會變成他人的前置刺激（Antecedent stimulus）或後果。這點在第三章「行為分析」中會再詳細討論。

因此，在同一個職場或團隊中，**當你覺得「對方有問題，讓我很困擾」，其實你自己也成了問題的一部分**。例如，你在年輕人身上發現問題，認為「年輕人都沒有自己的意見」，但不知不覺間，你往往忘了自己在年輕人發言後能否給予適當的反應或回饋。

把你自己納為問題的一部分，你的行為會變得比較有彈性，對方或許也會改變。

假如對方「真的」很差，你把自己放在問題外，指出對方的缺點、責備對方，對他的行為也不會有什麼影響。除非這個你認為有問題的人對你十分信任，否則，很遺憾的，你指責他完全是白費力氣。

反思自己的行為

第二種是**反思自己的行為**。

無論你在職務上是領導者或成員，一切都是從「反思自己的行為」開始。請大家想像一下以下場景：

你的上司總採取高壓的領導方式，讓你們畏縮不前。有一天，他開始說：「我最近在學習有關心理安全感的事，大家也在好好學習嗎？現在不知道心理安全感是很丟臉的。」

他有資格這樣說你們嗎？

每個人都有可能不小心陷入這種小小的尷尬中，即使狀況沒那麼嚴重。此時，身為主管，首先應反思自己的言行，例如對部屬是否有適當反饋？開會時如何聽取他人的意見？是否第一個回答了沒人想答的問題？試著反思自己的行為是很重要的事。

希望經由反思，能發現自己有哪些地方需要改進。例如自己是否做了某些事，自認是為了幫助成員成長，但從心理安全感的觀點來看卻是小小的懲罰？或者，雖然覺得直接反饋很重要，但因太忙而無法立即回應等等。

然後，改變不好的行為。這會為你「想為組織團隊帶來心理安全感」的說法大大增加說服力。不只是口頭倡導「心理安全感」，甚至連行為都改了，周遭的人應該更能感覺到你是玩真的。

要為組織、團隊帶來心理安全感，「把自己放在問題中」與「反思自己的行為」是非常重要的。這兩件事息息相關；把自己放在問題中，再從這個觀點出發，回顧、反省自己的行為，自己的行為就會愈來愈有彈性，這就是改革的開始。

推卸責任、一味指責、期待居高位者著手改造組織、董事長與董事祈禱組織改變，都不會讓撼動組織一分一毫。

「為組織帶來心理安全感的領導者就是你」。

請活用本書，以開創自己道路的氣魄，改變組織、團隊，以及你自己。試著採取具體行動吧！

第2章

領導力所需的心理彈性

知識篇 II

Psychological Flexibility

心理安全感與心理彈性

團隊背負的「歷史」

組織、團隊背負「歷史」。

歷史是每個人的行為、行為的結果，以及組織與周圍的對應之累積。

比如說，王牌業務員引發職權騷擾問題時，組織如果只口頭提醒，未加以咎責，可能會讓大家覺得「只要業績好就沒事了」。推動企畫的上司如果一失敗就逃避責任，自然會讓大家不想跟新事業與創新扯上關係。如果某個成員依顧客要求，採取跟從前不同的對應方式，但一出錯就被歸罪，並被嚴厲處罰，這樣的話，大家就會學到「即使顧客要求，也不需做額外的事」。

以上這些事件當然會對組織、團隊的記憶造成衝擊，而其他更瑣碎的、**每天發生的事件與反應**，對組織的歷史記憶也很重要。

例如，有個前輩在會議上稍微吐露自己的想法，上司卻以冷淡的態度反駁，周遭也不把他的意見當一回事，這應該會讓人覺得「即使想到了什麼意見，還是不要說出來比較好」。在某些職場，可能會因為大家毫無反應，令人連說「早安」都感到抗拒。

以上所舉的例子，都是在第一章所討論的不安與懲罰機制之下，大家從每天團隊伙伴的發言、行為及他人的回應中學到的事。如第一章的說明，在心理安全感的變化三階段中，**每個團隊背負的歷史形成了「關係與文化」**。

改變「關係與文化」需要領導力

學習表面事例或最佳實務（Best Practice）似乎有用，也能當做參考，但團隊不會因此改變。光是實行事例與實務知識，通常也無法增強第一章所介紹的心理安全感四要素。因此，需要將知識與組織、團隊結合起來，昇華為具體的行動，但這並不簡單。

組織有慣性的力量，昨天為止進行的工作，今天還要繼續。你想興起的變革愈大，遇到的反對與抵抗也會愈大。而且，組織團隊中愈成功的人，可能會愈執著於延續現行的方式。

「我們營業組織的心理安全感或許真的很低。業績數字未達標時，例行會議上，主管就會在大家面前追究；某件案子失敗，就會被調到其他部門。這樣的不安驅使大家努力工作。但實際上，我們的部門是成功的。在公司，我們的收益最高，許多人想到我們部門工作。我們的心理安全感雖低，但沒造成什麼困擾。」

這段話是一個營業部長說的，他自己也是在同樣嚴苛的管理者指導下，一路打拼過來，有戰無不勝的自信。跟這樣的營業部長一起，把心理安全感帶進組織，累積你認為必要的行為，改變成員的行為，徹底完成改革，就是改革者的任務。

組織、團隊現在的心理安全感，是經過歷史累積所產生的結果。成員為了避免懲罰與不安而不敢說出自己的意見，是受了組織文化的影響。如果不改變這些行為，團隊就不會改變。

因此，需要有改變成員行為的方法。你可以從第三、四章的「行為分析」、「語言行為」理論中學習到這些方法。不過，光憑對策的實行或某個行為的改變，難以改變每個團隊不同的文化。所以，需要「有心理彈性的領導力」，做為改革者的基礎。

領導者與領導力是兩回事

本書尚未深入探討領導者與領導力的理論，現在我先簡單說明兩者的差異。

本書所說的領導者是指地位或位置，你可以把他想成是官方正式任命的領導者如部長、課長、店長、經理、業務銷售主管等。

領導力則與地位無關。領導力的英語是「Leadership」，其字尾「ship」表示一種狀態（State）、技能（Skill）或能力（Ability）。所以，身為領導者的技能或能力，亦即**「影響他人的能力」**，就是領導力。

上司、領導者身為評價者，又擁有人事權，當然有「影響他人的能力」。不過，有些研究者將**這些與位置相關的「影響他人的能力」稱為「權力」**（Power），與領導力區別開來。因此，有些普通職員擁有領導力，而有些由公司任命為領導者、擁有權力的人卻缺乏領導力。

磨練領導力是最基本的。有了領導力，即使你沒有權力，也能影響他人；無論是身為團隊成員，或和公司外的團隊合作，你都可以不透過權力，發揮自己的才能。

靈活運用不同的領導風格以改變團隊

影響他人的方式稱為領導風格，這方面有許多相關研究。這些研究將領導風格分為以下幾種類型：

- 交易型領導（Transactional Leadership）：恩威並施、成果主義
- 轉化型領導（Transformation Leadership）：願景與啟發
- 服務領導（Servant Leadership）：做成員的支柱、幫助成員一展長才

● **真誠領導（Authentic Leadership）：發揮自己的特色，也不吝讓人看到自己的弱點**

既然有好幾種風格，我們當然會想找出「最好的一個」。但這些類型其實是彼此互補的，好的領導者會適時運用各種領導風格。

交易型領導與轉化型領導有互補關係。轉化型領導有助於組織的效能感，服務領導有助於組織的心理安全感。好的領導者應同時具備這兩種領導能力。

高績效的領導者即使採取真誠領導，也會將本真自我（Authentic Self）與角色自我（Role Self）在較高層次上整合。

本書的重心在於影響「關係與文化」層次，所以相當重視**「依據團隊與狀況巧妙運用不同類型的領導力」**。本書認為，**「有心理彈性的領導力」能夠因應每個團隊與成員的狀況，以靈活的方式改變團隊。**

本章將說明「有心理彈性的領導力」。所謂「有彈性」包括以下三方面：

❶ 能接受無法改變的事

❷ 朝你選擇的方向前進

❸ 有意識的分辨可改變或不可改變的事

「有心理彈性的領導力」則是符合這三項條件，「因應不同狀況，做本質上有用的事」的領導能力。至於領導力的風格，以下將舉例說明。

以團隊心理安全感中的「暢所欲言」要素來說，在交易型領導下，取得亮眼成績、贏得領導者歡心的成員應該會覺得這個環境非常能暢所欲言。不過，交易型領導容易陷入惡性循環；領導者對目前尚未有好成績的成員期待很低，這些成員和領導者的心理距離遙遠，領導者也不聽他們的意見。要鼓勵那些目前不覺得能暢所欲言的成員多發言，最好同時採用服務型領導。

除了領導類型的「轉換」，各類型的運用「程度」也很重要。在交易型領導與轉化型領導之下，業績壓力可能會增加，因為這兩種類型本身就是「高標準」的代名詞。高標準不是問題，但眾所皆知，當業績壓力太高，組織開始以懲罰與不安來控制成員時，就**容易發生不正當行為**。

不正當行為一旦暴露，除了可能帶給組織極大損失，組織也會加強管理和事務處理程序，如此一來，專注於成果的工作時間便減少了。

表格中呈現了各種領導力風格的簡單特徵，以及對應的心理彈性。

如這張表所整理的，擁有足夠的心理彈性，**能因應不同狀況與場合，靈活轉換、分別使用對事情更有幫助的領導風格，就是有心理彈性的領導力。**

2-1　領導力風格與心理彈性

領導力風格	各種風格特徵	對應的心理彈性要素		
		❶ 接受	❷ 價值觀	❸ 覺察
交易型	因應狀況給予報酬		○	○
	重用高績效的部屬	○		
轉化型	以願景、使命打動成員		○	
	支援個別化的成長		○	○
服務型	部屬達成目標 支持自我實現	○	○	
	把部屬的強項引導出來		○	○
真誠型	領導者了解自己	○	○	
	有意識的存在於「此時、此刻」			○

有心理彈性的領導力能建立有心理安全感的團隊

實際上，我們的研究也顯示了有心理彈性的領導力之有效性。與慶應義塾大學系統設計・管理研究所合作的研究顯示，領導者與每個成員的心理彈性對團隊心理安全感相當重要，具體來看有以下三點：

- 提高領導者與成員的心理安全感，就能提高團隊的心理安全感。
- 領導者的心理彈性對心理安全感有極大影響。
- 領導者的心理彈性能大大促進團隊的學習。

如前述，領導者的心理彈性對團隊整體的心理安全感有極大影響，但成員本身的心理彈性也很重要。因為，心理彈性高的人對團隊也容易有心理安全感。尤其愈是擁有「朝價值觀前進」的彈性，這樣的傾向愈明顯。

以功能情境論為基礎的心理彈性

最近，組織發展（Organization Development）有參考、採用「社會建構論」（Social Constructionism）這門科學哲學的趨勢。「社會建構論」主張，一切事物都是由社會建構而成，我們所認為的「現實」並非存在於外部世界的客觀「真實」。更誇張的說法是，在該情境中的人「達成協議」之後，「真實」（Real）才會形成。

若公司的願景只由經營者決定，並無法形成組織參與者的「現實」或「真實」。因此，必須針對願景進行「對話」，藉此將願景轉為真實。所謂的「對話式組織發展」（Dialogic Organization Development），就是這種社會建構論式的組織發展。

社會建構論是情境論（Contextualism）這門科學哲學的流派之一，屬於「描述情境論」（Descriptive Contextualism）。本書則以功能情境論（Functional Contextualism）為基礎，提出領導力開發與組織發展上的建議。

功能情境論是史蒂芬・海斯（Steven C. Hayes）教授提倡的科學哲學。海斯教授是ACT（Acceptance and commitment therapy，接受與承諾治療）的創始者，ACT又稱為「心理彈性的科學」。本章所討論的「心理彈性」也是以功能情境論為基礎。

所有科學哲學都有真理標準（判斷何為真理的標準）。大體來說，情境論的真理標準就是**「進展順利」**。以社會建構論為主的描述情境論，在「理解事件整體的複雜與豐富性」時，把焦點放在「進展是否順利」。

同樣屬於情境論的功能情境論，在「預測現象、給予影響」時，也把焦點放在「進展是否順利」。也就是說，雖然研究方法與目標

2-2 社會建構論與功能情境論

	社會建構論	功能情境論
世界觀	所有現象都是正在進行中的行動，與情境分離即不存在（與主張有客觀「真實」的本質論〔Essentialism〕不同）	
真理標準（Truth Criterion）	「進展順利」（Successful Working）（「真理」指有助於有效行動與達成目標的事物）	
目標、思考方式	理解事件整體的複雜、豐富性及「意義」	預測現象 給予影響
知識的適用範圍	具體、個別的	抽象、普遍的
組織、人才開發的應用	對話式組織發展	開發有心理彈性的領導力

不同，但兩者都是以組織、團隊的「歷史」與脈絡為基礎，追求「進展順利」。

以組織發展的脈絡來看，本章的目標就是「透過人才開發，促進組織發展」。亦即透過開發有心理彈性的領導力，建立有心理安全感的組織、團隊。

重視實用性，不受言論束縛

以功能情境論為基礎的心理彈性重視實用性，不受言論的正確性所束縛。

例如，某成員因私事困擾，導致績效下降。此時，領導者對他說：「我不知道你私底下發生什麼事，但既然你領的薪水跟大家一樣，就得拿出同樣的績效喔！」這麼說看似合理，對他說這些話的目的——提高績效，恐怕一點幫助也沒有。

所謂的「有幫助」，著重在「可預測性」與「對目標的影響」；而預測與影響相較，後者的重要性更高。

以「暢所欲言」與「互助」這兩個心理安全感要素來說，即使領導者下達「請大家積極提出意見」、「大家要互相幫助」的指令，但許多情況都跟上述例子一樣，即使領導者說了正確的道理，但實際上並未影響成員的行為。

我們要為團隊帶來心理安全感，不但要學習與實行「正確的事」，更重要的是能**實際影響他人**的方法論與行動。

焦點在於「行為」而不在內心

在預測與影響方面，尤其對影響而言，聚焦於「行為」，會比聚焦於「性格與內心」有效。

例如，某人開會經常遲到，周遭應該會為他貼上「沒幹勁」（內心的感覺）或「懶散」（性格）之類的標籤吧！這種貼標籤的行為通常有助於預測。

「他很懶散，所以下次開會還是會遲到吧！」

「他沒有幹勁，所以，下次的報告他還是會遲交吧！」

但如果想要影響他，貼這些標籤無濟於事。大家想不出什麼金句能讓他醍醐灌頂、提高「幹勁」，要改變他的性格也困難重重。結果，就變成了「他很懶散」（所以無可奈何）、「他沒幹勁」（所以無可奈何）。

試著用身體感覺一下吧！先將手機放在身邊。準備好之後，請「拿出幹勁」，把手機拿在手上。怎麼樣？你有幹勁了嗎？在進修課程與演講會上，我請大家做這個動作時，通常會得到兩種反應。有些人會「努力」、「把手舉高」、「睜大眼睛」；有些人則感到困惑、手足無措。

如同這個體驗所顯示，**「拿出幹勁」這種內心的感覺，很難對目標有影響。**

我們再以「自信」為例。「自信」是內心的感覺，也是性格。

如果團隊成員對你說：「我對明天的簡報沒有自信。」你會怎麼回應呢？

你也許會對他說：「加油！保持自信，絕對沒問題！」但光憑這樣的鼓勵，恐怕很難讓他懷抱自信心上台簡報。

此時，把焦點放在「行為」，而非內心或性格層面的「自信」，會比較有幫助，也就是比較容易產生影響。

自信本身並不存在，只是大家為幾種行為模式貼上自信的標籤。也就是說，「他有自信」或「他沒幹勁」這些標籤，不過是**一連串行為被歸納後的結論**。若有人在簡報時聲若洪鐘、侃侃而談、姿勢優美、與聽眾眼神交流、手勢誇張，看起來就像是「自信滿滿的說話」。

如果你的自我形象是缺乏自信，那麼，說話時放大聲量、保持良好的姿勢、笑臉迎人、滔滔不絕、與聽眾目光接觸、採用誇張手勢，就能接近「讓聽眾愉快的理解內容」或「通過提案」的目標。

也就是說，討論事情時，重點不要放在是否有自信，而應側重於是否有具體行為，如簡報前是否經過準備、練習、學會人際關係技巧等。如果你不知該怎麼做，只要接受反饋，確定哪些行為需要改善，再一一改進即可。還在摸索建立自信的方法的人，是因為不知道或尚未實行這樣的練習或訓練所致。

我一年要做一百次簡報，事前都會準備與練習。要做特別重要的簡報或上媒體前，我的具體行為是把自己的表現錄下來，重複觀看、改進。像這樣聚焦於「行為」，就可以把為「缺乏自信」而煩惱的時間拿來提高行為品質、做有生產性的事，**把這些時間變得有意義**。

採取具體行動才能得到好結果

我們可以把「自信、幹勁」之類的內心感覺比喻成花束。所謂「花束」，其實是一朵一朵的花紮起來之後，被貼上「花束」的標籤。內心的感覺就像花束，「眼神交流」、「良好姿勢」等一個個具體行為加在一起，就被認為是「自信」。也就是說，要得到「自信」這個花束，唯一方法是好好選擇每朵花（行為）。

執著於「自信」、「幹勁」等無法直接改變的內心感覺，是徒勞無功的。「心理彈性」中最重要的概念是，我們

2-3 一個個行為與行為的集合

是否把重心放在能改變的事，也就是良好姿勢與洪亮聲音等「行為」上，以及能否採取這些有用的「行為」。

心理安全感研究的最高權威艾德蒙森教授在著作中提到，團隊心理安全感的前提條件是「大家彼此互信、互敬」。不過，「信任」、「尊敬」都是內心的感覺，無法用下指示或命令的方式要大家去做。上司下令部屬「你們要彼此信任」或「大家要互相尊敬」，是沒有用的。

因此，本書不會強調「信任很重要、尊敬很重要」，因為這無法影響任何人；本書重視的是**採取具體行為，進而產生信任與尊敬的結果**。

視「狀況與脈絡」決定是否有用

所謂「有用的行為」，**並不是說行為本身一定有用。該行為是否有用，要看狀況與脈絡而定**。這是什麼意思呢？我以業務員晉升管理職為例來說明，大家會比較容易理解。

例如，有個活躍的王牌業務員，頻繁拜訪客戶，在聆聽客戶課題的會場上發表簡報時，表現精彩，口若懸河，得到一張又一張訂單。他就像球隊的一流球員，所以被拔擢為經理，成為領導者，負責管理工作。這種事屢見不鮮。

但當上經理後，如果行為跟從前一樣，大家就會說他是「一百分的球員，零分的領隊」。因為他的工作任務從「憑一己之力提高銷售額、自己成功」，轉變為「支持成員發揮才能、讓成員成功」。

表面上相同的行為是否有用處，視不同的狀況、立場及脈絡而定；**心理彈性就是因應「狀況、立場及脈絡」，將原本的行為轉換為更有用的行為的彈性。**

正如本書開頭所提到的，毫無疑問，現在是一個劇烈變化的時代。正因為這個時代沒有正確答案又變化多端，更需要有心理彈性的領導力，才能因應世界、社會及時代變化，改變行為。

「四要素」是行為的集合

實際上，心理安全感的四要素也可分解成行為。

①暢所欲言

如果團隊中有許多說話、聆聽、隨聲附和、報告、看著對方的眼睛聽取報告、聊天的行為，且經常讚揚報告的行為本身（無論其內容為何），那麼，這個團隊就滿足了「暢所欲言」的要素。

②互助

商量、徵求意見、發現問題、承認自己一人無法應付、享受難題、大家合力想出把危機變轉機的點子、廣泛徵求解決問題的辦法、考慮團隊的成績而非個人的成績。

③挑戰

挑戰、掌握機會、創造機會、給予、嘗試、實驗、摸索、驗證假設、改善、動腦、嘗試新事物、歡迎變化、直接面對社會與顧客的改變、讚美並歡迎挑戰、樂於接受失敗、接受現實的反饋、懷疑常識。

④ 歡迎新事物

發揮個性、樂於接受不同個性、依據強項賦予任務、不執著於常識、避免刻板印象而直接觀察本人的行為、拒絕平庸、暫時擱置批判、一視同仁的與大家分享自己的看法並共享他人的看法、認為差異只是差異，而非好壞之分。

增加與四要素相關的行為，簡單來說就是**「增加心理安全感所需的行為，減少不符心理安全感的行為」，而這是管理職、領導者、想建立組織團隊心理安全感、發揮領導力的人的工作。**

心理安全感也可說是組織團隊的「關係與文化」（或氣氛與文化）。不過，如何才能直接影響關係、文化或氣氛，是一個非常困難的問題。

「關係與文化」實際上是**一個個行為的集合，也就是「學習的產物」**。將它視為團隊的行為模式，討論如何改變該行為，才會知道該怎麼做。踏出「聚焦於行為」的第一步，不久就能改變「關係與文化」。

因此，能依據組織的歷史、脈絡或其中每個人的特性，以彈性的方式促進團隊中行為的活力，就是「有心理彈性的領導力」。

心理彈性的三要素

或許你下定決心，要讓自己更有彈性（這也是內心的感覺），但要學會這件事是很困難的。

如何才能擁有「心理彈性」呢？以下介紹心理彈性的三個要素。

①面對必然會發生的困難，接受無法改變的事
②朝價值觀前進，致力於可改變的事
③有意識的分辨可改變或不可改變的事

能採取這樣的行為模式，就是擁有心理彈性。個人滿足這三項要素時，就能依據狀況、立場及脈絡選擇有用的行為。

①面對必然會發生的困難，接受無法改變的事

心理彈性的第一個要素是說，遇到想法或情緒上的障礙時，也要**保持開放的心靈**。

推動事業時，會出現各種意料之外的問題，如顧客的投訴，或團隊中發生似乎無法挽救的錯誤等。這些錯誤或問題如果已經產生，就是無法改變的事實。此時可以用積極討論、動腦設法解決的方式對應。你可以做你能力所及的事。

但是，想法的障礙與情緒的交戰會阻礙積極討論與動腦。

②朝價值觀前進，致力於可改變的事

第二個要素指要付諸行動，朝自己或組織

2-4 心理彈性的三要素

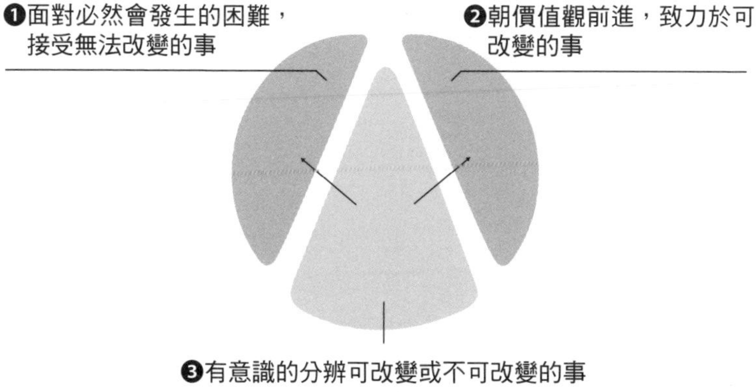
❶面對必然會發生的困難，接受無法改變的事
❷朝價值觀前進，致力於可改變的事
❸有意識的分辨可改變或不可改變的事

團隊想要的方向前進、做自己或組織團隊認為重要的事。在這個要素中，把「價值觀」化為語言或文字的過程相當重要。組織的願景、任務，以及團隊、企畫工作的意義與目標必須用語言表達。

如果能將這些意義、目標與每個人重視的事、想走的方向、想持續進行的行為連結起來的話，**即使遇到困難，仍能促進行動，並為工作賦予意義。**

③有意識的分辨可改變或不可改變的事

心理彈性的最後一個要素是「有意識的分辨可改變或不可改變的事」。我在上一節提過，「自信、幹勁」等內心感覺難以改變，所以才希望大家聚焦於行為。但很意外的，「可改變的事」（例如行為）與「不可改變的事」（例如心）的區別並非不證自明，而是要經過訓練才能學會分辨。

接下來，我要說明「行為是否有用，取決於狀況、立場及脈絡」是什麼意思。

工作中，與價值觀相關的事多如牛毛，而第三項要素是說，**要意識到在當時的狀況應該重視哪件事。**

最近，愈來愈多企業將正念（Mindfulness）、坐禪引進培訓課程，本書讀者中，或許也有人聽過「有意識的」（Mindful）這個詞。在現階段，大家可以**把「有意識的」理解為「充滿意識」**、能以客觀、俯瞰視角觀察狀況的狀態。

心理彈性三要素相互關聯

彈性的三個要素並非各自存在，而是互相影響。例如，正因為「要朝價值觀前進」（第二要素），所以才要「面對且超越困難」（第一要素）。正因為能「意識到不可改變的事」（第三要素），才會「試著接受無法控制的事」（第一要素）。從這三個要素中較容易處理的部分著手，也能帶給其它要素正面影響。

接著，我們就來一一仔細討論「領導力所需的心理彈性三要素」。

掌握心理彈性❶
接受無法改變的事

第一項要素是**「面對必然會發生的困難，接受無法改變的事」**。

這裡所謂「必然會發生的困難」，與其說是實際的障礙或難題，不如說是「想法與情緒上的障礙」。要減少行動時的心理抵抗，這項心理彈性要素相當重要。

在這個沒有正確答案的時代，要為團隊帶來心理安全感，可以想見，連每項日常業務都會遇到許多困難與障礙。遇到困難與障礙時，各種想法與情緒就會妨礙我們完成必要的事。

如果未經充分的訓練，缺乏「以開放態度接受想法與情緒上的障礙」的心理彈性，你恐怕連踏出第一步，去改變自己的行為與處理方式都很困難。

例如，想加強「歡迎新事物」要素時，出現一些似是而非的理由，或不做也未嘗不可的理由，你可能會因為這些理由而放棄「歡迎新事物」。例如，因為新人通常並非團隊的重要戰力，所以你可能會因為忙碌，而覺得「歡迎新事物」的事應該可以以後再說。

或者，想加強「暢所欲言」要素時，雖然你試著向成員表示可以暢所欲言，但當他們真的指出問題，你就因為情緒激動而面露不快。如此一來，**你可能以非言語的方式向成員傳達出訊息，要他們「不要說額外的話」**。

磨練這項心理彈性要素，就能擺脫這些想法與情緒，不再讓行為受其制約，並能增加提高心理安全感的行為、改變懲罰與使成員不安的行為。以下兩個觀點可以幫助你重新檢視自己，讓你更能面對必然會發生的困難，接受無法改變的事，亦即以開放態度接受想法與情緒上的難題。

1-1 把想法與現實分開

1-2 面對不愉快的心情——從控制到接受

接著，我們就來一一討論吧！

1-1 把想法與現實分開

「把想法視為現實」，就是把想法和現實混在一起，兩者之間沒有界線的狀態。

這裡所謂的想法，是指腦海中浮現的各種語言、聲音及形象。現在這個瞬間，你應該也能察覺腦中有些話語出現又消失，例如「思考是什麼？」「就是這樣啊！所以呢？」

看了下圖，或許你會比較容易理解何謂「把想法視為現實」。

如圖左側所示，「把想法視為現實」就是戴著有色眼鏡（想法與情緒所產生的偏見）看世界的狀態。我們都知道人類有這樣的偏見，所以在上司心情不好時，我們不會帶企畫書給他看；因為我們認為不悅的情緒會蒙蔽上司的眼睛，所以能以適當的方式應對。

另一方面，**我們自己也可能戴著有色眼鏡**。我們用有色眼鏡區分屬於「年輕人／老年人」、「男性／女性」、「理組／文組」的工作，用有色眼鏡來看工作產出。令人意外的，我們毫不自覺。

這副有色眼鏡就是語言、想法與情緒，我們從小到大已經戴了幾十年。所以，我們必須預設「沒人不戴著有色眼鏡」。這個預設非常重要。

這副有色眼鏡自然而然的存在於我們的眼睛裡。所以，要有戴著有色眼鏡的自覺，就跟「每天都察覺到自己在空氣圍繞中生存」一樣，是非常困難的事。

或許有人會覺得自己沒問題，只要摘下有色眼鏡，就能正常看世界。因為有點複雜，我想請大家先靜下心來，深呼吸後，再繼續閱讀。當你腦中出現「自己沒問題」的想法時，這樣的想法會讓你覺得自己實際上沒問題。

但是，**這種感覺本身是你透過有色眼鏡所**

2-5 想法與現實的區分

把想法視為現實　　想法與現實分開

看到的「現實」。這個例子告訴我們，人非常容易將想法等同於現實。當我們真的能把想法與現實分開，就能輕鬆處理想法。不會認為自己沒問題，而會想：「我有『自己沒問題』的想法，但這個想法是真的嗎？」

「把想法視為現實」所引發的問題

關於語言的力量，我想留待第四章再詳細討論。這一節我想讓大家理解的是，如果認為「想法=現實」，發生的問題將不只是個人承擔；如果團隊領導者如此，也會引發各式各樣的問題。例如：

- 不知不覺以偏見或刻板印象判斷他人，無法有效運用他人的潛力。
- 被過去的成功經驗所束縛，趕不上時代的變化。
- 團隊導入新知識或做法時，即使成員反應不佳，也只會固執的認為「團隊的人都很奇怪」，無法調整方針。

- **認為某件事是理所當然的常識，覺得現狀最好，疏於檢討流程或程序。**

總之，**認為「想法＝現實」的問題在於，將現實的反饋置於想法之後，會導致問題的發生；此外，也會使人降低感受性，無法精細準確的接收到現實的反饋。**那麼，如何才能把想法與現實分開呢？首先，必須覺察到自己將想法等同於現實，然後要削弱想法與現實之間的等號。

覺察到自己將想法視為現實

你有過這樣的經驗嗎？當你自認百分之百正確，別人卻指出「無論怎麼想，都覺得這個地方很奇怪」。這正是個好機會，能讓你覺察到自己已將想法視為現實。

被指正時，你會不知不覺否定對方的一切。但是，對方不會一輩子、在任何情況下、整個人格都是邪惡的。通常，只不過是「那個人在那個瞬間的行為和判斷怪怪的」；或者，只是你的期待和對方的行為有差距，而這類事情只發生過幾次而已。

如果你想要分出黑白，證明自己是對的，並要對方承認錯誤，你的視野就會變得狹窄，在快樂、有創造性的事上所花費的能量會減少，人生也會被這些想法所限制（此時會發生因不安與害怕懲罰而努力工作的狀況）。

當你想證明一件事的善惡黑白，如願的話你會鬆一口氣；若不能如願，你就會心浮氣躁。這種情況下，你的行動通常不具生產性，也不會產生作用。就算你真的是對的，你展現自己的正確性、批評對方的錯誤，通常也無益於團隊心理安全感的建立與團隊每個人的榮譽。

請你先試著去覺察自己「非黑即白」的思考方式。正是這個時候，你會認為這種思考方式「絕對有問題」。

「改變問法」的訓練

當你陷入「非黑即白」二元思考的時候，只要試著改變「問法」，就能脫離這個陷阱。

我們常不知不覺以二分法的方式提問，如對或錯、喜歡或討厭、能或不能、A或

B、這個或那個，也似乎有許多封閉式問句是要人回答YES或NO。我們能依據這些答案，去感覺對方是敵是友，與自己相似的就是朋友，跟自己不像的就是敵人。改用開放式問句，就比較容易區分想法與現實，脫離黑白二分的思考方式。

請先深呼吸，然後試著問自己：「對方沒有合理的地方嗎？」「對方是根據他的立場，才無意中做出那種反應吧？」「有其他可能性嗎？」這麼做有助於降低黑白對比，產生彩色多元的世界。

多多練習，就能削弱想法與現實間的等號。

「錯誤的想法最好能夠修正」，這種思考方式在世界上是主流。不過，ACT（心理彈性的科學）並**不重視想法本身是否正確或真實，而認為問題在於想法與現實之間等號的強度。等號強度高，就可說是「被想法所困」**。但是，一個想法是對是錯，是依據脈絡與狀況而定；所以，困在想法中是沒有用的。

對於各式各樣的想法，心理彈性的觀點認為，**如果某個想法在該狀況與脈絡下有用處，就採用那個想法**；如果那個想法目前派不上用場，就試試其他想法。

在正確答案時時在變的時代，對建立團隊心理安全感來說，比起「想法是否正確」，

「執著於想法的正確性」會產生更大的問題。

1-2 面對不愉快的心情——從控制到接受

「控制不愉快的心情」，是指與負面的想法、情緒、感覺與記憶交戰，以逃避、控制這些負面的東西。用專門術語來說，這叫做經驗逃避（Experiential Avoidance）。大家都知道，設法控制不愉快的想法與情緒，正是個人憂鬱、不安等問題的源頭。

- 在職場或個人生活中遇到壓力時，我們會用喝酒來排遣不安和寂寞。
- 有倦怠感或睡前悶悶不樂時，我們會抽菸、吃宵夜或玩遊戲，輕鬆一下。
- 為了忘記或不再一直想著身體的痛苦與討厭的記憶，我們會告訴自己：「不要想這些事了，想想其他開心的事吧！」

意圖為組織、團隊帶來心理安全感時，如果有許多成員與領導者處於「與想法、情緒的交戰」之中，就容易發生以下狀況：

- 發生紛爭或問題時，大家不會互相幫助或進行建設性的討論，謀求問題的處理，而會追究成員的責任。
- 只為了求安心而進行討論，雖然蒐集了資訊，卻無法做決策。
- 為避免考慮失敗的問題，無法探討必然會產生的風險。
- 面對顧客的抱怨與反應，不想採取適當方式對應、從中學習如何改善，只想等待風頭過去。
- 出於不安而進行細部管理，對報告書吹毛求疵，而這種管理方式不利於挑戰。

由不安與懲罰驅動、缺乏心理安全感的團隊，並未真正形成「可接受不愉快心情」的心理彈性，這主要是由內心持續交戰所造成。

從這樣的角度，應該能幫助你漸漸理解，因不安與害怕懲罰而努力工作（即心理安全感低的職場）有什麼害處。

也就是說，在這樣的職場、團隊中，**時間與能量都用來處理不愉快的心情，而非為顧客創造價值或支援成員成長**。更進一步說，把精神集中在控制不愉快的心情，是**為了逃避討厭的東西而花費時間與勞動力**。不過，一直逃避討厭的東西，即使**成功逃離了，也無法到達目的地或重要的地方**。

就像想成為職業足球選手的少年說：「練習可能會受傷，受傷會很痛，所以我不想練習。」跟每天練習的人相比，他受傷疼痛的日子或許相對較少，但享受足球的喜悅與充實感也會消失。

由此可見，與不愉快的心情交戰毫無意義。但這並不是唯一理由。大家都知道，從原理來看，**長期逃避、控制不愉快心情（想法、情緒、感覺、記憶）是不可能的**。

雖然有點突兀，但我想請大家做一個簡單的練習。

在一分鐘內不要去想紅氣球。絕對不要。

結果如何呢？

要你別去想某種東西，你反而更會去想。

不只氣球，不安、憤怒、某段記憶、難搞的傢伙也是如此。**控制不愉快的心情（想法、情緒、感覺、記憶）是白費力氣；不如說，控制正是問題的來源。**

為何要跟不愉快的心情持續交戰？

就像把想法視為現實一樣，想要並試圖控制不愉快的心情，是人類難以抵抗的習性。為什麼呢？我們在日常生活中解決各式各樣的問題。如果房間裡有不需要的垃圾掉在地上，我們可以把它撿起來，丟進垃圾桶。在工作上也一樣。遇到預算問題，就提案周轉預算；遇到資源問題，就聘用有才能的人、開發系統進行自動化等等。工作現場每天都在解決問題。

我們在身體之外的實體世界「解決問題」，問題通常也會成功解決。這使我們相信，只要努力、以適當的方式處理，就能控制、解決問題。這樣的信念會隨著工作與績效的進步而愈來愈強。除了身體之外的問題，你還會開始試圖控制內心（想法、情緒、感覺、記憶）。

不過，身體之外的事和內心的事，兩者結構完全不同。不像從房間地上撿起垃圾、丟進垃圾桶一樣，那麼簡單就能解決。不如說，就像要你別想紅氣球，你愈會去想一樣；愈試圖丟掉垃圾，垃圾在你心中的存在感反而愈強。

前文提過，所謂心理彈性，就是根據立場、狀況及脈絡轉換有用的行為。這正是一個例子，指出對身體外的「問題」有用、可解決問題的行為，對不愉快心情（想法、情緒）的「問題」毫無作用。

接受、體驗不愉快的心情

無論在個人私事或團隊工作上，要解決「控制不愉快心情」所引發的問題，就必須放棄控制，接受不愉快的心情。**所謂「接受」，就是以開放心靈面對負面的想法、情緒、感覺及記憶，然後主動去品嘗它的滋味。**

總而言之，因為「你只能用你手裡那張牌戰鬥，無論那是什麼牌」，即使如此，「你還是得對人生說ＹＥＳ」。

你終究必須捨棄**「如果滿足某項條件，總有一天，痛苦會消失，不愉快的感覺會被完全逐出門外，心情豁然開朗」**的幻想。打從心底接受、理解「人生有痛苦是正常的」、「工作上出現大麻煩是正常的」，是非常重要的事。

不要執著於現實中不存在的幻想（總有一天雨過天晴）。為了腳踏實的向前走，你必須拋棄這樣的幻想。所以在 ACT 中，把開始「接受」稱為**「創造的無望」**（Creative Hopelessness）。

當你能做到「接受」，你就會**把想法當做單純的想法**、**情緒當做單純的情緒**、**感覺當做單純的感覺**、**記憶當做單純的記憶來體驗**；不會把它們視為人生中不需要的情緒、想法與記憶，避之唯恐不及，而會想與它們共存。實際上，這麼做就不會被負面的想法與情緒所支配。

歸根究柢，「接受」就像想成為職業足球選手的少年勇於承受練習的辛苦與困難，就看他在**備嘗想法與情緒困擾的情況下，能否對人生的全部體驗說 YES**。

出現危機時先說「這樣正好」

發生問題的時候，心理安全感四要素中的「互助」對團隊尤其重要。問題發生時，我建議大家先說「這樣正好」。

首先由你來說這句話，但漸漸要將這句話分享給其他人，最後團隊的成員們要一起說。就算問題出人意料，但這句話能幫助你「接受」無法改變的事實；亦即接受已發生的問題及隨之而來的想法與情緒，而非與之對抗。你不會一心尋找禍首、焦躁不安，而能實際處理問題。

現在跟大家說一個我以前演講時發生的小插曲。那次我包下大學的講堂做為場地，主題跟工程師有關，有兩百位以上聽眾參加。演講開始十分鐘後，我講完了自我介紹與前言，正準備進入主題，沒想到螢幕突然變成一片藍。

管理人員趕緊來到講台前確認連接，但似乎不能馬上修好。我決定跟平常一樣，對場上的聽眾說「這樣正好」。

「在這種時候，我們公司的人都會不管三七二十一，先說『這樣正好』。」雖然發生麻煩，但既然已成事實，責備某個人對修復藍屏並沒有幫助。

這場活動主要以工程師為對象，推特上的反應也相當熱烈：

「雖然出了問題，但講者說『這樣正好』，穩當處理。」

「幻燈片在最佳時機（？）停止放映。」

「藍屏來得真巧。」

幾乎所有人都以肯定的態度接受了這次的麻煩事。

以前的我「只用嘴巴」談心理安全感與心理彈性，因為這次事件，我經由實際行動，展現出自己有能力彈性處理眼前發生的麻煩。如果沒有足夠彈性去接受無法改變的事，突然遇到問題時，就會優先處理自己的不愉快心情，向部屬、成員丟出一連串看似有理，但沒有作用的話，使團隊的心理安全感降低。

在工作上遇到問題時，尤其在這沒有正確答案的時代，我建議大家以彈性的態度，把麻煩、意外單純當做工作的前提，去享受它吧！

掌握心理彈性❷
朝價值觀前進，致力於可改變的事

接下來要說明心理彈性的第二個要素：朝價值觀前進，致力於可改變的事。這項要素位於圖2－4（見第95頁）的右側。

在討論第一項要素「面對必然會發生的困難，接受無法改變的事」時，已提過它會減少行動時的心理抵抗。第二項要素則**提供了前進的推動力**，可說是「增加行動」所需的心理彈性。這股「推動力」對前述的工作標準可能會有幫助，在心理安全感低的「嚴苛型職場」，為了提高標準，讓大家努力工作，會採用**以懲罰和不安為基礎的管理方式**。

心理安全感高的「學習型職場」則提高工作標準，鼓勵大家採取行動，以工作價值與有意義的目標做為推動力。也就是說，能夠**「朝價值觀前進，致力於可改變的事」**的

領導力，使心理安全感得以發揮作用。

要「朝價值觀前進，致力於可改變的事」，以下兩點非常重要：

2-1 把價值觀明確化、語言化

2-2 朝「價值觀」接近的行動

以上兩點是非常重要的。

2-1 把價值觀明確化、語言化

無論是個人、團隊、組織或企業，**用明確的話語說明**為了什麼目的、進行什麼重要工作，有超乎想像的重要性。價值觀如果混亂、不明確，會對工作與團隊造成負面影響。

例如，如果不知道工作的意義，眼前的工作馬上會變成單純的例行性作業。如果工作很瑣碎，又是迫不得已才做，那麼，工作不過是賺錢的手段。對你來說，工作會漸漸變成為五斗米折腰。

一個組織或團隊如果願景、任務、顧客、為了誰工作、與顧客的約定都不明確，做判斷時，就只能依據「有沒有銷售利潤」、「目前資源夠不夠」、「有沒有風險」、「會不會被罵」之類條件。

價值觀如果清楚明白，**團隊成員與客戶皆能要求高水準**；不知道價值觀是什麼，就會只**重視表面的人際關係，對低標準的工作妥協**。無論從個人、企畫或團隊、公司組織的立場，釐清價值觀都是不可或缺的。

從個人的角度來看，要釐清價值觀，並不是以某人的意向或社會上普遍認為正確的價值觀為標準。重要的是你自己，不是別人，自由選擇出你真正重視的是什麼。可以說，「價值觀」是一個指南針，指出你想前進的方向。

2-2 朝「價值觀」接近的行動

上一段我們提到價值觀是指南針，這一段要說的是，**走向已確定的價值觀要採取什**

麼行動。

人在走向重要的、想要到達的地方時，會在路途上受傷。正因如此，**在實際向價值觀前進、採取具體行動時，**很可能會產生害怕失敗、被拒絕、丟臉等放棄的念頭，或覺得「現在還不是時候」。

假如你對自己從事法律工作的身分感到自豪，並且正在尋找適合自己的更好工作，此時若有人對你說「你好像很不擅長做生意」，你應該也不會受太大傷害。但如果是你重視的事一敗塗地，或其他人都不看好，就容易讓你受傷。

這就是為什麼在面對想要達成的目標時，有些人會以「雖然我很想去做，但沒有時間」為藉口逃避，有些人「在萬事俱備前不會出發」，有些人「想要做出完美的東西，所以一直不把作品交出去，放在身邊一改再改，直到期限截止前」。

這些在「向價值觀前進」時出現的負面想法，正是心理彈性第一項要素所處理的「想法上的障礙」。與「想法上的障礙」交戰，會消耗為價值觀採取行動的能量，讓人漸漸無法行動。從這個意義來看，第一項要素與第二項要素有密切關聯。所謂**「朝價值觀接近的行動」**，重點不只是要你「動起來」，而是你的行動必須「接近價值觀」。

有時，剛開始似乎是朝著價值觀前進，定睛一看卻發現自己走錯了方向。學生時代，你會在定期考試前打掃房間、整理書桌嗎？打掃與整理都是行動，但在考試前夕做，就沒有任何用處。重要的是，要回頭檢視現在自己或團隊採取的行動「是否朝價值觀接近」，並加以調整。

「朝價值觀接近」，並非像用石頭瞄準靶心一般，打中就歡天喜地，不中就愁眉苦臉；而是往價值觀的方向移動，就像搭載ＡＩ的無人機，邊朝你想去的方向接近，邊彈性修正路線。

朝價值觀前進，不要停止行動

2-1 說明了明確的「價值觀」是指南針，指出前進的方向。長期朝價值觀的方向持續採取行動，就是 **2-2** 所說的「朝『價值觀』接近的行動」（價值觀有好幾個，必須彈性選擇以現在的狀況應該朝哪個方向走）。

為保持心理彈性，朝價值觀持續行動，**增加目前仍未實行的行動選項是很重要的。**

在這個沒有答案的時代，為了向價值觀前進而嘗試新行動，就是「相信，然後投入其中」。相信、投入之後，你或許會失敗、或如預期般反應不佳，也有可能被拒絕、顏面盡失。

不過，為了能「長期」走向價值觀，在相信、投入之後，不能只遭遇一兩次失敗就停止行動。失敗後稍做喘息，再度修正行動，確立「更有效率的走向價值觀」的行動模式，是非常重要的事。

為組織帶來心理安全感的行動，一開始可能會遭到拒絕與反抗。你的腦海中可能會有各種聲音（想法），如「這個組織無法導入心理安全感，現在還為時過早」、「心理安全感並不重要，來試試其他想法吧」、「領導團隊對我來說是很困難的」等等。不要讓這些「想法上的障礙」主導你的行動。暫時別理會這些雜念，繼續行動，是十分重要的事。

心理安全感對組織來說是「價值觀」之一。要配合團隊或組織，彈性調整為建立心理安全感而具體採取的行動，並使行動持續。

掌握心理彈性❸

有意識的分辨

接著來看心理彈性的最後一項要素：有意識的分辨。這個要素位於圖2－4（見第95頁）的正中央。

在本章，我們強調要因應脈絡與團隊歷史，做「有用的事」。因為，要在這個沒有正確答案的時代培養心理安全感，對成為「正確答案」的理論就不能盲目相信，或不考慮團隊或成員的方向就加以使用。重視團隊與成員的反應、彈性調整做法與行動是很重要的。

要在**「現在這個狀況下，採取有彈性的適當行動」**，需要這項心理彈性要素。「有意識的分辨」，一言以蔽之，就是持續覺察現在這個場合正在進行的事。

「有意識的覺察」不足時，我們會不知不覺進入**「心不在焉」**的狀態。

「心不在焉」的狀態，就像你和上司正在一對一交談，上司雖附和你的話，但魂不守舍，似乎在想待會要向董事報告的事。或是在會議上，年輕部屬提出一個出人意料的意見，反駁上司。此時，上司不由得想道：「我可是部長！你什麼都不懂還亂說！」加上情緒激動，使他無法冷靜討論年輕人的意見。你遇過這種情況嗎？

處於「心不在焉」的狀態時，會被腦中的「想法」與「情緒漩渦」困住，對眼前正在進行的事無法專注與體驗。想從這種狀況脫身，進行「有意識的分辨」，以下兩點非常重要。

3-1 對「當下、這個瞬間」的覺察與專注

3-2 從「做為故事的我」（Self-as-content，自我為內容）轉變成「做為觀察者的我」（Self-as-context，自我為脈絡）

第一項處理的是「對過去的後悔與對未來的不安」，第二項處理的是「我」這個概念。

3-1 對「當下、這個瞬間」的覺察與專注

對「當下、這個瞬間」的覺察與專注不夠時，我們就會對過去的事感到後悔，為了對未來的不安而煩惱。如此將使你的視野受限。比起眼前以五感掌握到的現實，你會更以腦中的想法為優先，並視之為真實。

以開車時忽然想到討厭的事為例，你曾經邊想著工作邊開車，直到差點發生危險，才回過神來專心開車嗎？像這樣受困於對過去的後悔與對未來的不安，不把注意力放在當下這個瞬間，就會出問題。當然，並不是不能思考過去與未來。

回顧過去，找出自己在工作上的不足之處，並試著改善；發現部屬的優點並且告訴他，都是有價值的事。思考未來、鑽研計畫、進行模擬，也有極大的價值。**問題在於，我們這些擁有發達語言能力的人類非常缺乏「對當下這個瞬間的體驗」，而活在過去、未來及語言的世界裡。**請見以下這張圖。

即使看到同樣的景象，擁有語言的人類也會馬上想到不存在於「此時此刻」的過去與未來，就算這麼做實際上只是平添煩惱，也沒有任何用處。沒有語言的動物就能單純

看著世界如實的樣子。

有意識的將注意力放在當下、這個瞬間，就能確實從當下這個瞬間發生的事中學習，並能有所發現、修正行動。

當你在開車時與「當下、這個瞬間」連結，如果你在轉彎處轉方向盤，就會感覺到車子實際在轉彎；如果覺得方向盤轉過頭，稍微轉回來、放慢速度，應該就會接收到「對自己行動的現實反饋」，繼續向前進。

在此時此刻，從「無法直接體驗的想法世界」轉而注視「能直接體驗的五感世界」，也就是能夠有意識的

2-6 有意識的集中注意力與心不在焉

困在過去與未來之中，
漫不經心
有意識的集中注意力
於當下、這個瞬間

集中注意力於這個瞬間。無論在家裡、通勤途中，或在辦公室，你都能做到這件事。只要沒有語言能力，原則上，我們當然本來就只能體驗到當下這個瞬間。

是否要把注意力、意識放在你所感受到的身體感覺（眼睛隨文字移動的感覺、手碰到紙或儀器的感覺、衣服、頭髮接觸到身體的感覺）與正在想的事情上（例如，「真的有開車時嚇出一身冷汗這回事」、「汽車的例子和工作有關吧」等等），體驗當下這個瞬間，選擇權一直在你手中。

形成有意識的狀態

坐禪、正念練習都能訓練「回到當下這個瞬間」的能力。

正念源自佛教與禪宗的冥想法。麻省理工學院（ＭＩＴ）醫學院名譽教授喬・卡巴金（Jon Kabat-Zinn）於一九七九年創辦正念減壓課程（Mindfulness-based stress reduction: MBSR），將正念引進醫療領域。

卡巴金的正念減壓課程去除了正念的宗教性質。他的著作《正念療癒力：八週找回平靜、自信與智慧的自己》（原書名《為充滿災難的人生：用你身心的智慧來面對壓力、痛苦與疾病》〔*Full Catastrophe Living: Using the Wisdom of Your Body and Mind to Face Stress, Pain, and Illness*〕，台灣由野人出版）在一九九三年經由翻譯引進日本的醫學領域。在商業領域，萩野淳也等人主理的正念領導力機構（Mindful Leadership Instutute:MiLI）於二〇一四年將 Google 的 SIY（Search Inside Yourself）正念情商暨領導力課程引進日本。

正念（或觀禪，vipassanā-bhāvanā）、坐禪有各式各樣的方法，入門者有時會感到困惑，不知該選哪種方式比較好。雖然有這麼多方法，但其實**重點在於「把注意力放在當下這個瞬間，覺察到這個瞬間的體驗」**。為此，必須**「跟語言的世界保持距離」**。不過，這實際上很難做到。我們已經有了語言，當有人告訴我們「現在起要跟語言保持距離」，我們就會用語言思考：「該怎麼保持距離？」腦中也會想：「好煩啊！」

有一種方法，就是將語言當做覺察的工具或媒介。具體來說，就是把「腦中浮現的想法、身體感覺、記憶、情緒」等貼上「雜念」、「膨脹」、「寂寞」等標籤，就像下頁圖所示。

當你**「與當下這個瞬間連結，覺察到這個瞬間的體驗」**，也滿足了**「跟語言世界保持距離」**這個重要條件，在這麼多方法、流派中，無論你選擇哪一種，都不會有什麼問題。

最好等滿足了重要條件後，再以適合自己的方法實行正念或坐禪。請將重點放在正念的實行方法，而非如何選擇正念的流派。首先做好準備姿勢，坐在椅子上，輕輕閉上眼睛五分鐘，把意識放在呼吸與身體感覺上。然後，對腹部的起伏貼上「膨脹」、「收縮」的標

2-7 跟語言世界保持距離與貼標籤

籤，對偶然浮現的想法貼上「雜念」的標籤，再將意識轉回呼吸與身體感覺。試試看吧！

3-2 從「做為故事的我」轉變成「做為觀察者的我」

「做為故事的我」是被要求自我介紹時的「我」。自我介紹時，我們會很自然的堅持在自己與姓名、年齡、性別、學歷、所屬團體或組織、職業、技能、功勳、實際成績、生活方式、信念等屬性之間畫上等號。如果等號強度太高，即使是這個極為日常、看似理所當然的「做為故事的我」，也會失去心理彈性。

「做為故事的我」的主要問題點在於，你會為了維護「自我風格」與「特色」而持續採取無用的行動；就算遇到機會，也不改變行動，因為你會繼續採取與自己相關的固定行動模式。還有一個缺點，就是為了維持自我風格，你會開始找藉口、將自己的行動正當化。

現在請你回想一下艾德蒙森教授對心理安全感的定義：「團隊成員相信，在團隊中，即使承擔人際關係風險也是安全的」。**所謂人際關係的風險，就是自己被視為「無知、**

無能、找麻煩、唱反調」的風險，也就是破壞「我=○○○」這個等式的風險。

因為團隊成員擔心「我=○○○」這個等式被破壞，**比起努力工作獲得高績效，他們會更熱衷於處理人際關係，也比較想做可隱藏自己缺點的工作。**

從「做為故事的我」轉變成「做為觀察者的我」，正是應付這種不安的要素。做為領導者，不要執著於維護自我形象。即使改變「做為故事的我」，也可以藉由提高績效、帶領團隊前進，為成員樹

2-8 被自己的故事困住的我

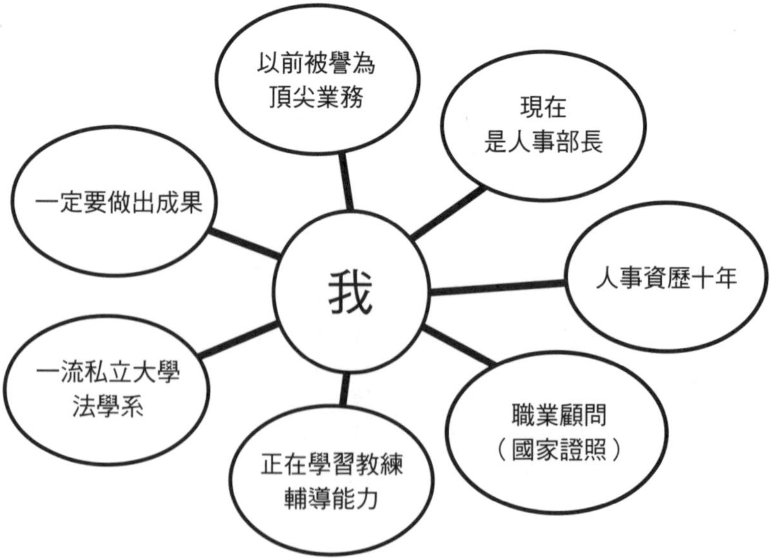

立榜樣。

執著於「做為故事的我」，表示**比起公司遭受嚴重損失或你自己持續不幸，失去那些用等號與自己連結的屬性會讓你更痛苦。**為了不失去認同，你會責怪他人、其他公司與環境。

例如，組織的領導者用等號把「自己是優秀的戰略家，目前為止戰無不勝、攻無不克」的故事與自己連結起來。萬一出現戰略錯誤的狀況，在勝利之前他都會堅持不撤退；因為撤退將威脅到他「優秀戰略家」的自我認同。

這個例子並不是要大家提高自我肯定感，而是希望大家了解，無論自我評價是高是低，**只要執著於「自己的故事」，就會失去心理彈性、引發問題。**

例如，「我沒用到無可救藥的地步」這個低自我評價的故事告訴你自己：「我不可能克服這項挑戰。」於是，即使遇到看似可順利克服的挑戰，你仍然會逃避。或許你嘗試了，也得到非常好的成績，你還是會覺得這只是僥倖。本來，或許這次的成功指出值得你繼續磨練的領域或技能，但你自己卻無法接受成功的結果。

就算你的故事是「我非常優秀」，但現實上你不得不承認自己不優秀，卻又無法接受自己的錯誤或失敗，從這點來看，你的心理還是沒有彈性。

在 1-1 我們談到要削弱「想法=現實」的等號；實際上，3-2 談的也是「把想法視為現實」的各種現象中特別值得一提的事例。「想法」就是敘述自己的故事，指語言概念中的自己，「現實」則是指自己的現實。

以團隊心理安全感的角度，如果領導人或改革者太偏向「做為故事的我」，就無法配合團隊，靈活改變目前的方針或行動。從這點來看，「做為故事的我」會形成很大的障礙，也使他們不可能因應場合分別運用領導力。

以成員心理安全感的角度，執著於做為故事的我（即我這個角色），通常會阻礙心理安全感的「挑戰」要素，以及「互助」要素中「主動求助」的行動。

「做為觀察者的我」擺脫限制自己的想法

「做為觀察者的我」，一言以蔽之，就是能掌握「我=眺望世界的相機」的感覺，

能像旁觀他人的想法、情緒、感覺與記憶一般，保持距離的觀察自己的想法、情緒、感

覺與記憶。也就是說，當你能掌握「我＝眺望世界的相機」的感覺，你就成了「做為觀察者的我」。而這個「世界」也包含了自己的想法、情緒等出現在自己腦中的「世界」。

換句話說，「做為觀察者的我」會像旁觀他人的想法、情緒、感覺與記憶一般，保持距離觀察自己的想法、情緒、感覺與記憶。當你擁有這種俯瞰的視角，你就能擺脫各種限制自己的想法（例如「做某件事不符合自己的形象或性格」），即使失敗，也不會有「自我被破壞」的感覺。

有時，你早上會睡過頭。既然時間不能倒流，你最好冷靜下來，和「我很糟糕」、「我會被罵」等想法保持距離，把力氣放在能做的事情上，如進行必要的聯絡，這樣做會比較有建設性。

意外事件發生時，我們會不知不覺做出「反應」。而「做為觀察者的我」會在事件與反應之間拉開空間，這個空間能為行動創造選項。「做為觀察者的我」讓我們獲得這個空間，增加彈性行動的範圍，亦即增加行動選項。

「做為觀察者的我」的體驗練習

請把自己當做相機，透過觀景窗來觀察想法與情緒，只有三十秒也沒關係。

此時，如果你腦中想：「這是什麼意思？」觀景窗中就會出現這個想法，就像出現山一樣，你則是觀察這個想法的人（如果你想的是「原來如此」，你也會觀察這個想法）。

站在「做為觀察者的我」的立場，無論你腦中浮現什麼樣的想法，**你都是觀察的一方**。或許你的身體可以感覺到，你不會因為那個想法而慌張、受傷害或受威脅。這樣的立場是安全的，你可以待在那

2-9 透過觀景窗看到的想法

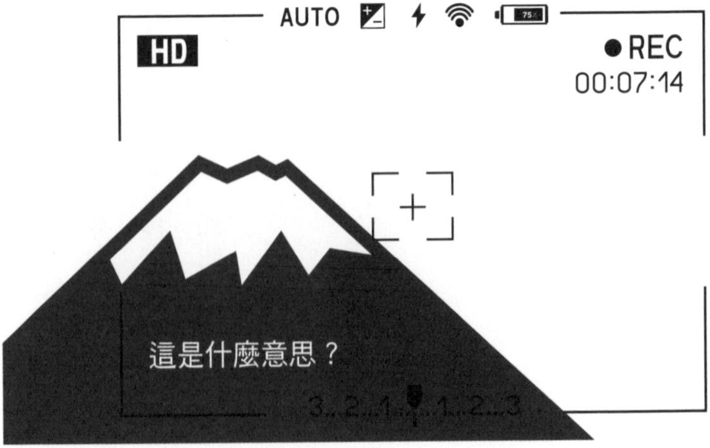

裡，單純看著人生發生的一切。就像電影院放映的影像中即使有悲劇或危機，都不會傷害到你這個觀眾。

要建立有心理安全感的職場，必須有健康的衝突，有時也需要嚴格但積極的反饋。所以，「工作令人鬱悶」也是理所當然的吧！當你為「鬱悶」所困，你的想法與注意力都會失去彈性，行動範圍也會受限。此時，回到觀察者的立場，有助於脫離想法的內容，做出適切判斷與行動。

以「ACT矩陣」將各式各樣體驗分類

在第二章最後，我想介紹心理彈性的工具——ACT矩陣（ACT MATRIX），做為本章的結束。

如下頁圖，ACT矩陣是由兩條水平線與垂直線組成的矩陣。圖的上半部是「五感的體驗」（5-Senses Experiencing），即眼睛看得見的行動；圖的下半部是「精神的體驗」（Mental experiencing），即看不見的內心事物（想法、情緒、感覺）。

圖的左半部是「想遠離、躲開、逃避什麼」（Away），即不快樂的事。

圖的右半部是「想接近、獲得什麼、走向哪裡」（Toward），即快樂的事。

如圖，這個矩陣可將各式各樣的體驗分類。各種「主動／被動的記憶」、「過去／未來的行動」可列入上半部，想法、情緒、感覺可列入下半部。

可以把「你重視的事」、「你想做某件事的意圖」（即你想接近、獲得什麼與走向哪裡的想法）列入右下部。

2-10 ACT 矩陣

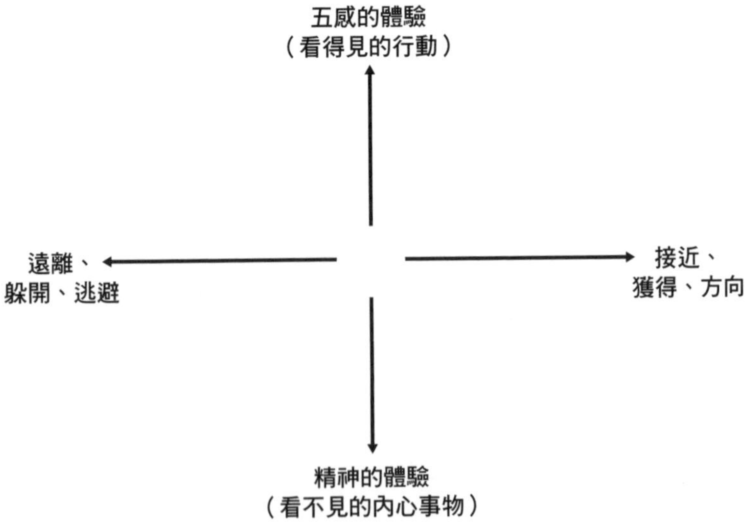

步驟1

你的腦海中有各種想法、情緒出現又消失，那些浮現出來的想法也就是腦中的話語與情緒。請試著用ACT矩陣將身體中的感覺與記憶分類。

如果你什麼都沒想到，亦即你腦中浮現「什麼都沒想到」這個想法，你可以先把它歸類在下半部。如果「什麼都沒想到」給你負面的感覺，就把它歸類在左下部；如果它給你正面的感覺，就把它歸類在右下部。

你可以參考**心理彈性 2-1**「**把價值觀明確化、語言化**」，幫助

2-11 ACT 矩陣：填寫例子

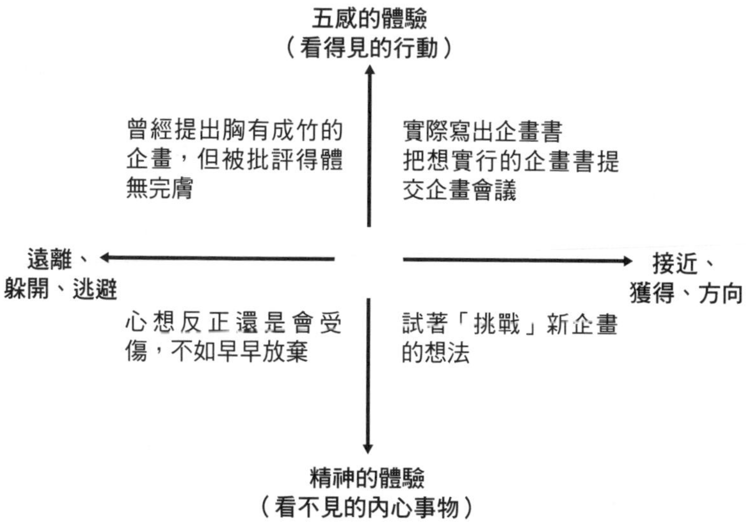
五感的體驗
（看得見的行動）
曾經提出胸有成竹的企畫，但被批評得體無完膚
實際寫出企畫書
把想實行的企畫書提交企畫會議
遠離、躲開、逃避
接近、獲得、方向
心想反正還是會受傷，不如早早放棄
試著「挑戰」新企畫的想法
精神的體驗
（看不見的內心事物）

你理出頭緒。如果你想起了你對價值觀採取過哪些實際行動，就把它歸類在右上部。如果想到在行動過程中曾遇到不愉快的事、產生不愉快的想法與情緒，就將它們分別歸類於左上與左下部。

請花一點點時間，兩、三分鐘也行，好好填寫這個矩陣吧！

步驟2

現在被分類到這四個象限的，是你的想法、情緒、感覺與記憶，不是別人的。那麼，覺察到這些想法、情緒、感覺與記憶的是「誰」呢？請深呼吸，試著去注意這件事。沒錯，正是「我」（你自己本人）覺察到這四個象限中的事。這時的「我」，不是想法、記憶、情緒或感覺，而是這些事的「覺察者，亦即觀察者」。

以「觀察者」的感覺來看，觀察想法與記憶時，不被那些想法、情緒、感覺與記憶牽著鼻子走，跟它們保持距離，才能使行動保持彈性。

如果能以這樣的方式覺察觀察者的立場，做為觀察者的你就能分別改變四個象限中的處理方法。

我們先從圖左側開始看。

左上「遠離、躲開」×「看得見的行動」

如果你能覺察到其中反覆進行的無用行動，你就前進了一步。

例如，如果你能覺察到自己「用紅筆修改成員所提交資料」的行動（每次資料的品質都很差，再怎麼修改都不會改善），判斷從中長期來看，那是無效的行動，就能想到盡量減少此行動的方法。

2-12 觀察者是你自己

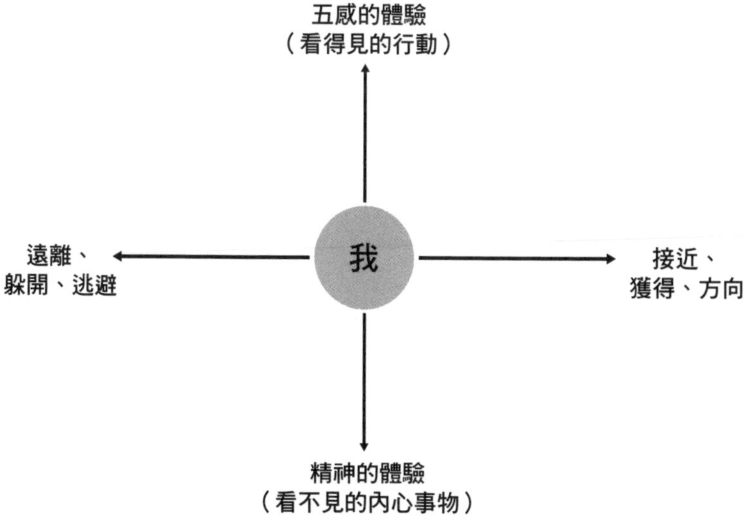

左下「遠離、躲開」×「看不見的內心事物」

這個部分的重點是「覺察、不對抗、接受」。

例如，你認為：「成員中的〇〇先生看不起我，就算我把他的資料改得滿江紅，他一定還是依然故我。」所以你老是盯他（這是看得見的行動，可歸類於左上部）。如果你能覺察到這樣的想法與行動，請試著像 1-2（不愉快的心情產生時，不要去控制它，要接受它）所描述，不要對抗這樣的想法，而是覺察與接受它。

2-13 使行動更有彈性與用處

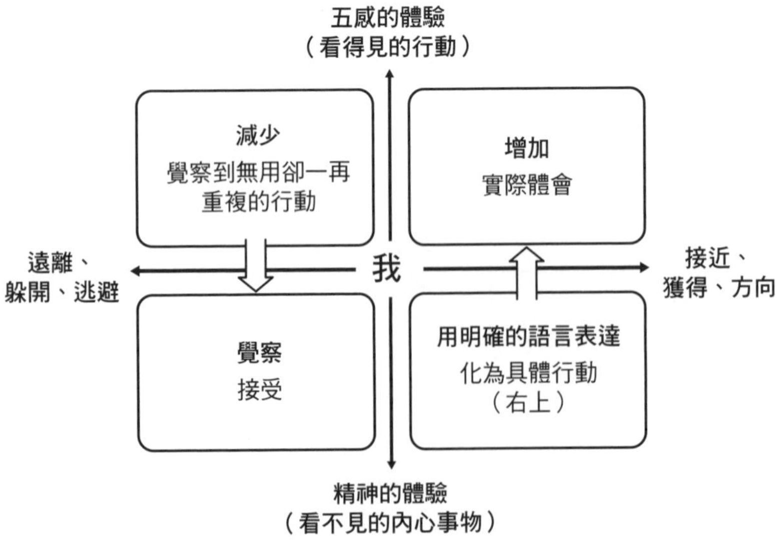

接著我們來看圖右側的右下部。

右下「接近、獲得」×「看不見的內心事物」

在右下的象限，把重視的事明確化是非常重要的。或許你會有「訓練成員一次就提出高品質資料」的想法。那麼，請你試著想想，為了接近這個重要目標，你該採取哪些具體行動。那就是右上象限的行動。

右上「接近、獲得」×「看得見的行動」

以「用紅筆修改成員所提交資料」的例子來說，你不要改完就還給那位成員，而要試著花時間與他對話，向他一個個解釋你修改的地方，消除他的疑惑。也就是說，不像從前一樣只把改得滿江紅的資料還回去，而是加上「暢所欲言」與「互助」這兩個齒輪來回應對方。

在實行右上部的行動時，或許左下部的負面想法與情緒會出現，對你說：「不會順利喔！」「被拒絕怎麼辦？」此時，重要的是不要被這些想法與情緒牽著鼻子走，繼續往你重視的方向前進，並採取右上部有彈性的行動。

進行右上部的行動時，請試著結合右下部以用語言釐清意義的「價值觀」，實際體會「現在我確實正在進行接近價值觀的行動」的感覺吧！

能感覺到價值觀與目前行動的關聯，是心理彈性第二項要素（朝價值觀前進）的核心，也是使工作與生活有意義、豐富多彩的祕訣。

用ACT矩陣總結第二章

現在請大家回想一下，**領導力**

2-14 ACT矩陣與心理彈性三要素

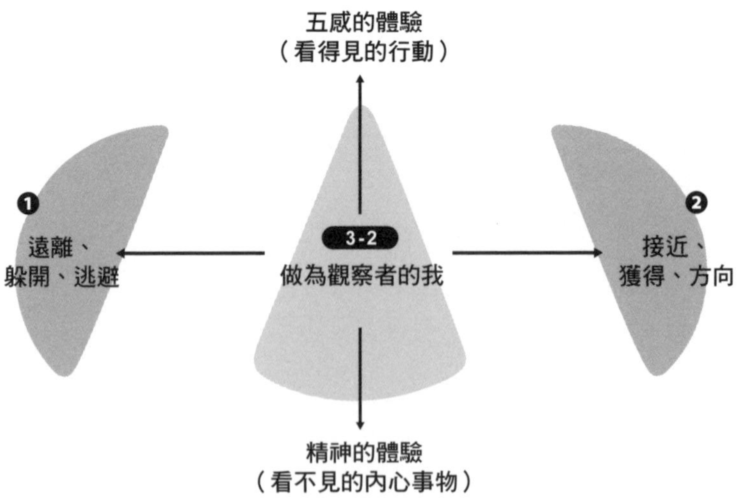

需要哪三個心理彈性要素。

心理彈性三要素即三種行動模式：①面對必然會發生的困難，接受無法改變的事；②朝價值觀前進，致力於可改變的事；③有意識的分辨可改變／不可改變的事。這三個要素各可分為兩個部分。

1-1 把想法與現實分開

1-2 面對不愉快的心情——從控制到接受

2-1 把價值觀明確化、語言化

2-2 朝「價值觀」接近的行動

3-1 對「當下、這個瞬間」的覺察與專注

3-2 從「做為故事的我」轉變成「做為觀察者的我」

除 3-1 之外，其他部分可以整理在一個 ACT 矩陣裡。而 3-1 就是這個 ACT 矩陣，讓你藉由覺察與分類，實現自己腦中浮現的想法、情緒與記憶。

心理安全感與心理彈性

缺乏心理安全感的團隊，就是由懲罰與不安所控制的團隊。

雖然可以用努力工作來避免懲罰與不安，但有些真正需要做的或應該做的工作，可能會因不安與害怕懲罰而受阻。也就是說，當每個成員都害怕懲罰與不安（ACT 矩陣左下部），為逃避懲罰與不安而行動（左上部），就表示團隊缺乏心理安全感。

有心理安全感的團隊不會因不安而產生阻礙。團隊有心理安全感，且「價值觀明確」，就會形成有心理安全感與高工作標準的團隊，也就是有學習成果與高績效的團隊。在這樣的團隊，成員會很清楚團隊與自己的價值觀（右下部），並努力朝價值觀邁進（右上部），推動團隊、工作與企畫。

你做為改革團隊的領導者，第一步就是要增加自己的心理彈性，使你的行動滿足 ACT 矩陣的右側。試試看吧！

第3章

用行為分析建立心理安全感

實踐篇 I

Behavior Analysis

改變行為技巧的行為分析

第三章會為想獲得「有心理彈性的領導力」的領導者說明行為分析的技巧。**行為分析能實際改變自己與團隊成員的行為，破除僵化的「關係與文化」**。要改變心理「不」安全的組織、團隊文化，就必須改變形成此種文化的「歷史」。所謂歷史，就是成員從組織、團隊如何因應每個反應與行為、麻煩與失敗中學到的東西。

「行為分析」是一種技巧，它能改變包含你在內的每個人的行為，使每個反應與行為都連結到心理安全感。行為分析的架構能清楚解釋成員間的相互作用，甚至影響「關係與文化」。

「行為分析」是哈佛大學教授史金納（B.F.Skinner）在一九三〇年代創始的，現在主要應用在心理學與精神醫學領域，如應用行為分析（Applied Behavior Analysis，ABA）、認知行為治療（Cognitive Behavioral Therapy，CBT）等。經過近百年的考驗，已被確認是有效的改變行為手法。

第三章前半部將說明行為分析的基本架構，再透過「改變讀者本身的行為與習慣」，讓大家直接體驗這個手法。後半部將舉出具體案例，向大家說明如何運用行為分析提高心理安全感的四要素。

「前置刺激↓行為↓後果」架構

心理安全感與行為分析

心理安全感的四要素：暢所欲言、互助、挑戰、歡迎新事物，都是「行為」的累積。

①暢所欲言：說話、聆聽的行為
②互助：求助、幫助他人的行為
③挑戰：挑戰、歡迎、給予機會、抓住機會的行為
④歡迎新事物：發揮個性、包容不同個性、適當分配位置等行為

若團隊中常見到這些行為，表示這個團隊擁有心理安全感。

為了達到這個理想狀態，首先要仔細觀察自己的團隊中發生了什麼樣的行為？沒發生什麼樣的行為？如果發生與四要素相關的行為，如「好好面對面說話」、「製造挑戰的機會」等，就要設法不斷增加那些行為；沒發生的話，要促使它發生。

相反的，如果有降低挑戰動機的言行，譬如對成員說「絕對不能失敗」等等，就必須加以制止；「斥責」之類顯而易見的懲罰舉動當然更要避免。

如果能做到這些，就更能確保團隊的心理安全感。因此，本章將運用「行為分析」，**來思考增加理想行為、減少不理想行為的方法。**

行為由「前置刺激」與「後果」控制

行為分析最基本、最重要的架構就是左頁的「前置刺激（Antecedent stimulus）→行為→後果（Consequence）」架構。

因為「前置刺激」引發「行為」，行為之後的「後果」也會影響行為。也就是說，**每個人的行為是由「前置刺激」與「後果」控制**。

我舉一個明確的具體例子。夏天辦公室的冷氣轟轟作響，非常冷。再這樣下去，就算是夏天也可能會感冒。**感覺到「寒冷」就成為「前置刺激」**。然後，你應該會把冷氣稍微調高到比較舒服的溫度。這裡的**「行為」就是「按按鈕」**吧！

原本的溫度設定在不合理的「十八度」，按了好幾次按鈕，才改成比較舒服的「二十八度」。然後，從天花板空調吹出來的風，好像也變成暖暖的風。**「溫度顯示從十八度變成二十八度」、「覺得風變暖了」，就是「後果」**。對覺得冷氣很冷的人來說，這個「後果」是令人愉快的。這個「後果」也會影響行為；下次出現同樣的「前置刺激」時，你**做出相同「行為」的機率應該也會提高（強化）**。

3-1 「前置刺激→行為→後果」架構

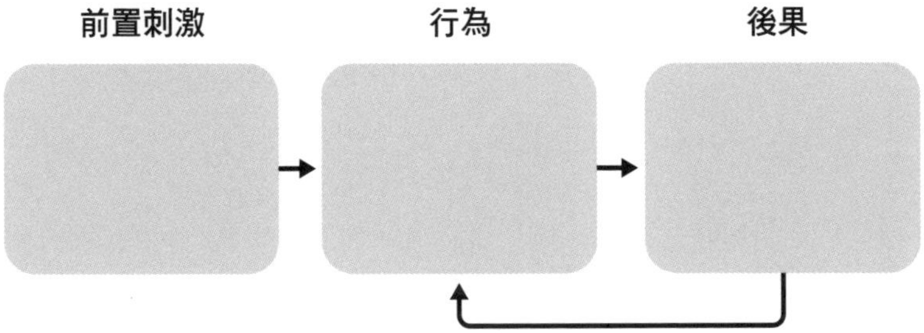

3-2 提高溫度行為的「前置刺激→行為→後果」

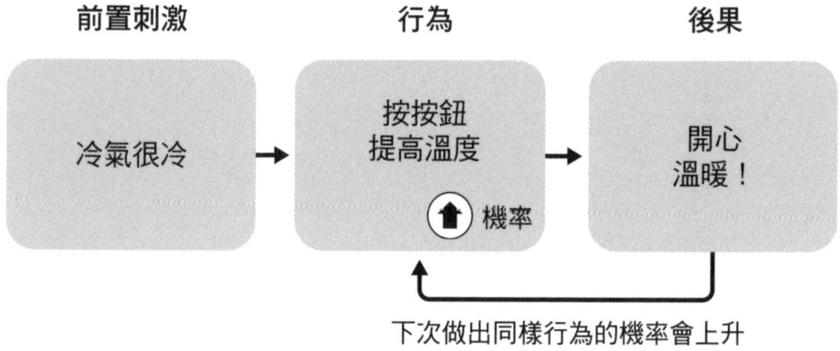

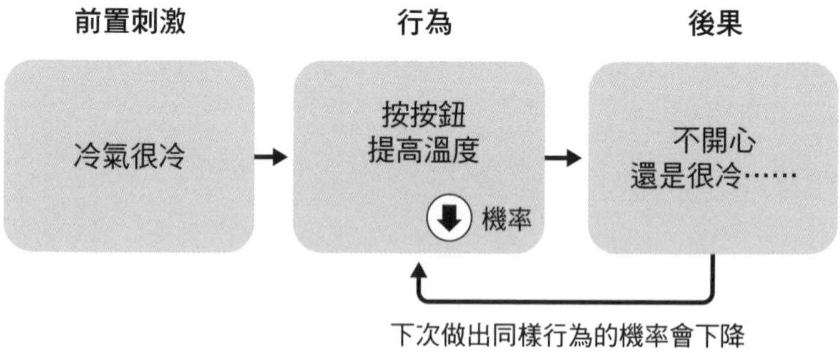

接下來是同樣的場景。這間公司的冷暖氣設備是集中管理式，也就是只有管理中心才能改變溫度，無法從安裝於其他處室的面板改變溫度。轉職的第一天，你並不知道這家公司冷暖氣是集中管理的。接著做行為分析。首先，「前置刺激」與「行為」跟之前相同，在覺得冷氣很冷的情況下，你做出按按鈕提高溫度的行為。

不過，「後果」如何呢？**顯示溫度不變，跟原來一樣冷**。這是令人不快的後果。

所以，雖然覺得辦公室很冷，但你**下次做出「按按鈕提高溫度」行為的機率會減少（弱化）**。或許會有兩、三次，你忘了集中管理的事，又去按按鈕。但不久後，等你習慣了這間辦公室，就算覺得冷，也不會到面板前按提高溫度的按鈕了。

前面舉例說明了行為是由「前置刺激」與「後果」所控制；有相同「前置刺激」時，同樣行為發生的機率由「後果」控制；後果若是好的、愉快的，行為發生機率會升高（強化），反之就會降低（弱化）。

行為後出現的情況可分為兩種：

①**使下次同樣行為發生機率「增加」的後果，稱為「正增強物」**（Positive Reinforcer）。

3-3 做出同樣行為的機率因「後果」而不同

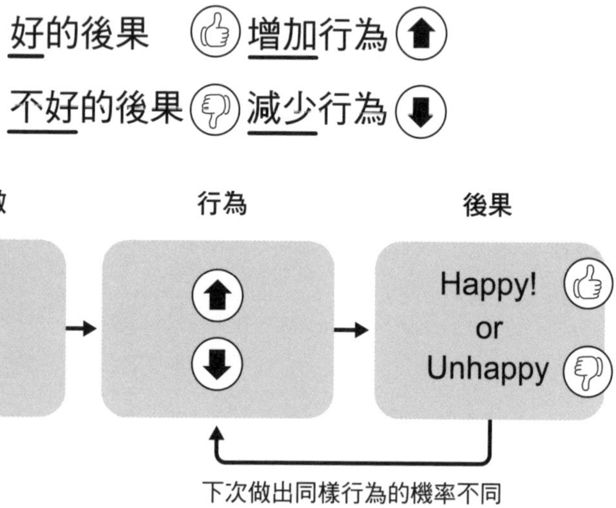

②使下次同樣行為發生機率「減少」的後果，稱為「負增強物」（Negative Reinforcer）。

實際上，**行為的改變有一項規則：行為之後必須立即出現後果**。比較正確的說法是，行為之後立即出現「後果」（正增強物、負增強物），其影響力會高於過一段時間（中、長期）才出現後果。

長期來看，肌力訓練有「長肌肉」的好處，但剛做完時會覺得「很累很難受」，許多人因為這樣而無法持續訓練，就是一個簡單易懂的例子。

我們思考的是「下次發生同樣行為的機率」，而**行為分析是改善每天都會重複的行為**

3-4 立即「後果」的影響力較大

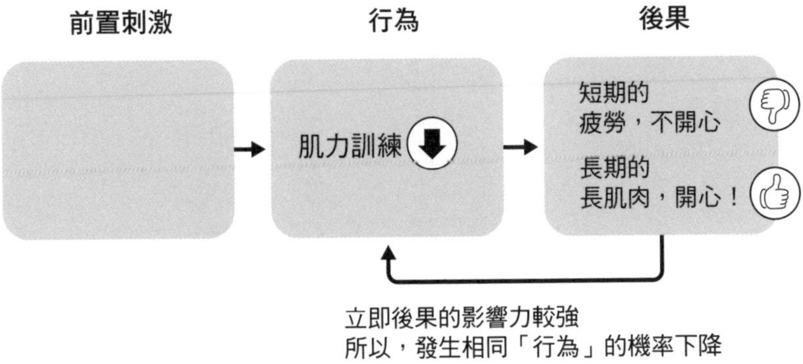

的技巧。正因如此，行為很適合運用於明天還會見到的「團隊」，以及會隨著時間成長的「組織」。

「前置刺激」即行為的脈絡起點

要改變行為，「前置刺激」也相當重要。所謂「前置刺激」，就是釐清行為脈絡，亦即那個人在**「何時、何種狀況下」**做出行為。

大家看到新進人員或部屬，覺得他們「什麼都不知道」，大部分都是因為他們**無法順利連結「前置刺激↓行為」**。例如，有重要客戶客訴（前置刺激），雖然你希望成員能馬上報告與討論，他卻在一週後的每月例行會議才報告（行為），這就是「前置刺激↓行為」的連結有問題。

反過來說，**學習工作或其他事物，可說就是學習如何適當連結「前置刺激↓行為」**。例如，業務要學習「因為客人臭臉↓改說明其他商品」，會計要學習「因為超過十萬日圓↓不列入經費（消耗品），而應列入資產（固定資產）」。

要像這樣，**學習在適當的脈絡做出適當行為。從這個觀點來看，「學習將前置刺激分類」是很重要的**。能夠迅速掌握正確的前置刺激、靈活改變行為，可說是專業者的練達。

例如，醫師要聽患者的敘述、觀察患者身體的各種徵兆、縮小疾病的可能範圍、必要時做進一步檢查，再依據結果進行診斷。以上這些可稱為**「積極的前置刺激」**，是我們在學習時儘可能不想錯過、有意識的找出的「前置刺激」。

發現潛意識的前置刺激

另一方面，我們日常生活中的行為也會**被潛意識的前置刺激所控制**。你想戒除的壞習慣，實際上可能出於某些瑣碎的小事。這些小事就是「前置刺激」，只是你並不自覺。釐清這些事，有助於用「前置刺激」來改變行為。

「潛意識的前置刺激」或「尚未意識到的前置刺激」是什麼呢？

例如，「不知不覺把零食吃光」（行為）的人，如果仔細觀察自己，就會發現「自己手搆得著的範圍內有常備零食」（前置刺激）。如果有一天常備零食吃完，而那天他吃的零食量減少，他本人或許不會注意到，但身邊的常備零食確實控制了他的「行為」。

接下來請大家想像一下，同一個人常備零食吃光了，想在午餐時順便去便利商店補貨。這時，「先吃午餐再去便利商店」和「先去便利商店再吃午餐」，在一般情況下並沒有差別。

但是，「先吃過午餐，在吃飽喝足的情況下到便利商店採購零食」和「空腹到便利商店採購零食，再去吃午餐」，這兩種情況購買的零食量會不一樣。當然，如果他吃飽再去，購買的零食量會比較少。

以上的情況，並不是本人能意識到**「這個前置刺激造成這個行為」，而是各種「潛意識的前置刺激」影響了行為**。

「前置刺激」並不是只有一個。一個「行為」可能有好幾個「前置刺激」，例如，「時鐘顯示正午」是視覺的前置刺激；「周遭人出去吃午餐的喧鬧聲」是聽覺、身體感覺的前置刺激；「悶悶不樂」的想法與腦海中的聲音也是一種「前置刺激」。

因此，前置刺激包括五官感覺得到的前置刺激，與心中看不見的「前置刺激」。要釐清包含潛意識的「前置刺激」時，需要問的問題是：發生什麼樣的刺激時，那個人會做出那種行為？

「行為」與「非行為」所產生的結果

好的行為分析，必須把行為正確的放進「行為」架構中。

有些舉動看起來理所當然是行為。「看起來像」固然重要，但**所謂的「行為」，是指「可以做的行為」**。可以做的行為就是有人對你說「請試著做做看」時，可以做出來的行為；如果那件事做不出來，那就不是行為。做不出來的行為可分成三類，請大家先記住，**「被動」、「否定」及「結果」不屬於行為。**

非行為①：被動

被動的狀態，如被罵、被打、被稱讚、受人尊敬等，都不是「行為」。有少數例子，例如「興奮」乍看之下是行為，但其實並不是。如果有人對你說「請試著興奮起來」，你並沒有辦法做出具體行為。

被動狀態不是行為，所以不能放進「前置刺激↓行為↓後果」的架構中。不是我刻意使定義複雜難解，而是因為實際改變行為很重要。

假設A君在小學打了B君。如圖示，我們為B君做行為分析，把「被打」視為行為，放進架構中。從B君的角度來看，後果是「痛」。

也就是說，因為後果是

3-5 行為的主體是「誰」

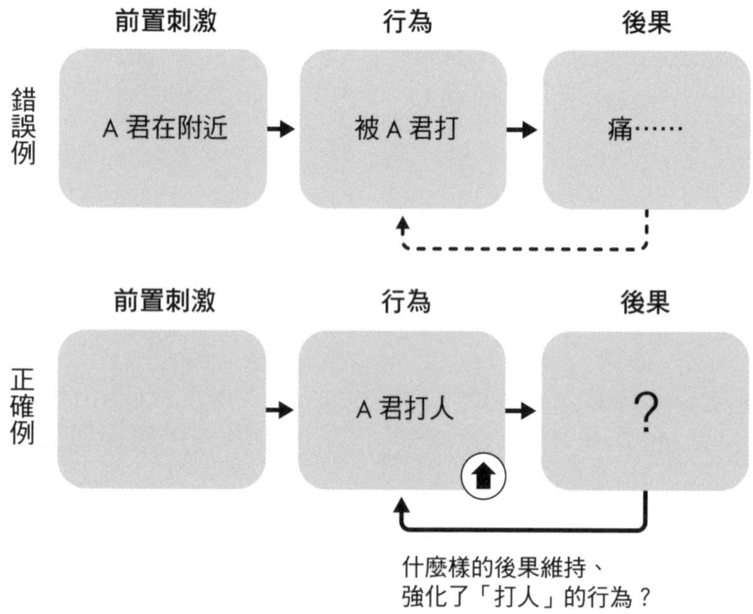

不愉快的，「被打」的行為理應減少。但打人的是A君，所以行為不會減少。接著分析行為主體A君，要思考的是什麼樣的後果維持、強化了「打人」的行為。

實際進行行為分析時，經常會有兩個以上人物登場，重點在於確認「誰的」行為才是該分析的對象；此時，思考「該人物是否為被動狀態」會有幫助。

非行為②：否定

否定就是「不～」，如「不用功」、「不上班」、「不寄電子郵件」等。

對「不做某件事」進行行為分析是有問題的。以「B君不去上學」為例，分析時不應把「不去上學」放在架構的行為欄，而應如圖所示，把「B君去上學」放在行為欄，然後思考什麼樣的不愉快後果減少、弱化了B君上學的機率？或者，是什麼移除了B君上學的「前置刺激」？

補充一下，「懶得做～」是另一種樣貌的否定形。如果你想要「改掉懶得準備資格考試的習慣」，你應該把「懶得準備資格考試」改為具體行為，思考不準備資格考試時在做什麼。

在理想行為幾乎不出現的情況下，不要從「不做某件事」的角度，而要從「做某件事的機率減少」的角度來思考，或看「不做理想行為時，你做了什麼你想要停止的行為」。

非行為③：結果

最後是「結果」。例如「贏」或「贏了」，乍看是動詞，但其實只是「結果」。當有人對你說：「來吧！試著贏一下！」你並沒有辦法直接做出「贏」的行為，因為要有對手，才會有勝負。多益（TOEIC）得幾分、比賽得金牌等，都不是能直接做出的行為，只是行為的「結果」。「變

3-6 思考「後果」時，要把否定形改為肯定形

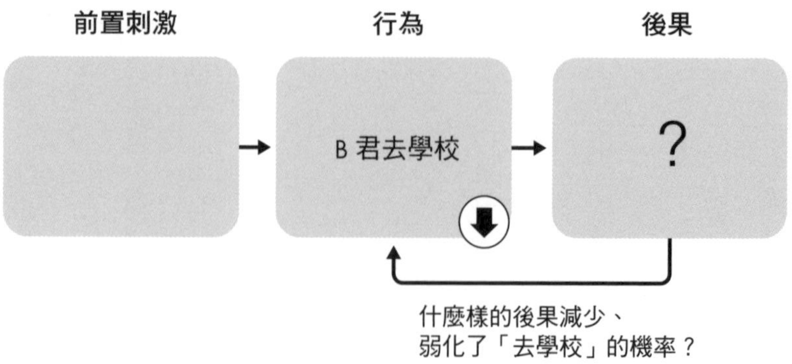
前置刺激
行為
後果
B 君去學校
?
什麼樣的後果減少、
弱化了「去學校」的機率？

成有錢人」是工作、節約或投資的「結果」，不是行為。

「讓心平靜下來」、「生氣」」、「悲傷」等，也都不是「可做出的行為」，而是「結果」。例如，「怒火中燒」會是下一個行為的「前置刺激」，選擇「亂罵一通」還是「回自己房間」（行為），會依據脈絡與行為而得到不同的「後果」。

如上所述，**「被動、否定、結果」不屬於行為的範疇，這裡所說的行為是指「自發的行為」**。思考行為時，要盡量採用「具體行為」的角度，才會有意義。如果你想戒掉熬夜的習慣，請試著想想你不睡覺時做了什麼具體行為。

「後果」的四種類型

以下為大家進一步詳細說明「後果」。前面提過，「後果」在行為「後」出現，「後果會改變下次相同行為出現的機率」，以及「要影響行為，後果必須在行為之後立即出現」。

行為後立即出現、能增加下次相同行為機率的愉快結果稱為「正增強物」，減少下次相同行為機率的不愉快結果則稱為「負增強物」。在「正增強物、負增強物」方面，目前為止，本書只針對行為後立即「出現」的正負增強物做了稍微簡化的說明。

實際上，如下圖示，**正增強物、負增強物不只會出現，有時也會消失**。所以，後果總共可分為四種：**「正增強物／負增強物」（兩種）×「出現／消失」（兩種）**。讓我們穿插具體例子逐項來看吧！

首先，來看會增加行為機率的兩種模式。增加行為機率稱為「強化」。

①正增強物出現、行為機率增加（強化）

這就是前述「冷」（前置刺激）→「按

3-7 「後果」的四種類型

行為的可能性	後果的類型	後果出現或消失
強化（增加）↑	①正增強物	出現
	②負增強物	消失 ✕
弱化（減少）↓	③正增強物	消失 ✕
	④負增強物	出現

按鈕」（行為）→「溫暖」（後果）的模式。大部分能夠持續的行為都是藉由正增強物的出現來維持、強化。

假設有個上司總是亂罵一通，這可能是因為在他亂罵（行為）之後，部屬立刻會說「我馬上處理」（後果）；亂罵使正增強物立即出現，所以亂罵的行為才會持續下去。

② 負增強物消失、行為機率增加（強化）

這是之前沒提過的模式，這次我們站在被上司飆罵的部屬的立場。當上司怒罵（前置刺激），部屬立即說「我馬上處理」（行為），然後上司息怒（後果）。對部屬來說，在行為之後，「挨罵」這個負增強物（不愉快）消失了。

3-8 上司怒罵的「前置刺激→行為→後果」

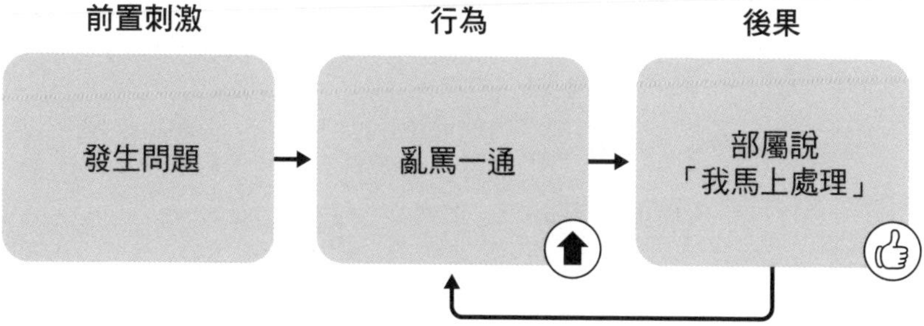

這次負增強物消失了，下次又遇到上司怒罵的前置刺激（狀況）時，同樣說「我馬上處理」（行為）的機率便增加了。

還可以舉出其他例子。例如，除蟲時噴灑殺蟲劑（行為），負增強物害蟲消失了（後果）。或者，你想先完成不擅長的工作，並實際進行（行為），你就擺脫了負增強物——工作做不完的壓力。為移除眼前討厭的東西而做出行為，便可歸類在這個模式。

所謂「消失」，就是像上述例子般，眼前的事物或感覺在行為後「不見」了。無論是因正增強物出現而強化，或是因負增強物消失而強化，都屬於「行為增加」的模式。可以說，**兩者的差別在於，前者是「做想做的事」，後者是「做不得不做的事」。**

3-9 部屬說「我馬上處理」的「前置刺激→行為→後果」

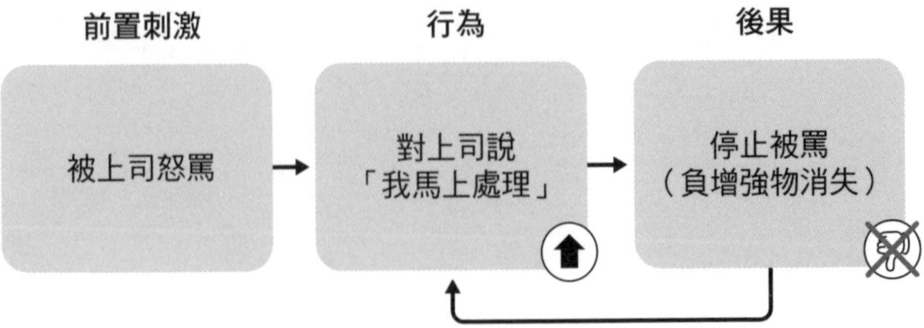

你的行為是他人的「前置刺激」或「後果」

同樣的場景，分別從上司與部屬的角度來看，可以寫成兩個「前置刺激→行為→後果」架構。

上司自身的行為——「亂罵一通」，從部屬的角度來看就成了「被上司罵」這個「前置刺激」。另一方面，部屬對上司說「我馬上處理」的「行為」，從上司的角度看則是「後果」（正增強物出現）。

如果上司聽了那句話就停止怒吼，從部屬的角度看，因為不再繼續挨罵，所以負增強物消失了（後果）。如此，你的行為可能成為他人的前置刺激或後果，他人的行為也可能成為你的行為的前置刺激或後果。

從這個意義來看，部屬表示會馬上處理的反應，強化了上司怒罵的行為。可以說，部屬為了眼前不繼續「挨罵」，反而增加了此後中長期挨罵的可能性。換言之，可說**上司的「怒罵行為」因為與部屬的共犯關係而維持、強化**。

假設該上司跳槽到文化完全不同的企業，發生問題時依舊「怒罵」（行為）。可是，部屬卻說：「你看起來在氣頭上，好像沒辦法好好溝通，等你冷靜下來請告訴我。」如果對方的反應跟以前不一樣，「怒罵」的行為可能就不會維持與強化。

所以，**我們不要只根據對方說的話或狀況做出反應，重要的是要考慮自己選擇的行為會為對方帶來什麼樣的「前置刺激與後果」**。

③正增強物消失，行為機率減少（弱化）

這也是之前沒提過的新模式。舉例來說，假設作弊（行為）被發現後，校方會扣除你的出勤分數與報告分數（正增強物）；行為「前」應有的正增強物在行為「後」消

3-10 上司與部屬是互補的共犯關係

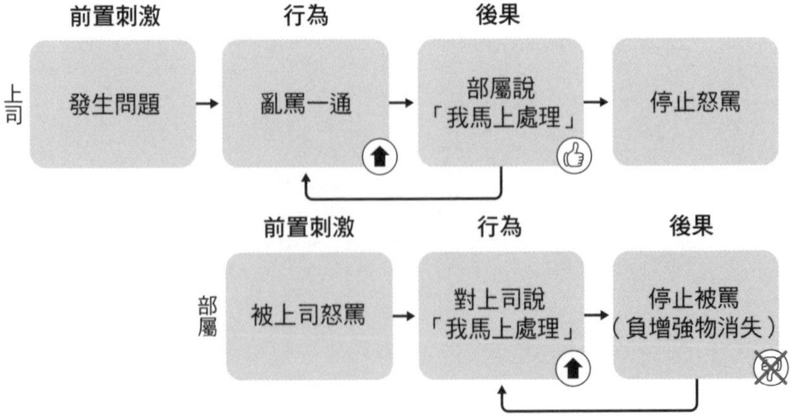

失，會使行為減少（弱化）。

正增強物消失的模式跟接下來要討論的「因負增強物出現而弱化」的模式一樣，常讓人覺得很像「處罰」。

④負增強物出現，行為機率減少（弱化）

這也是之前提過的模式。發現錯誤（前置刺激）→向上司報告（行為）→被嚴加追問（後果），使「向上司報告錯誤」的行為減少，就是因負增強物出現而造成行為弱化的例子。

這個例子中，確實是負增強物減少了行為機率；但仔細研究之後，你就會發現它的有趣之處。

3-11 作弊後被扣分數

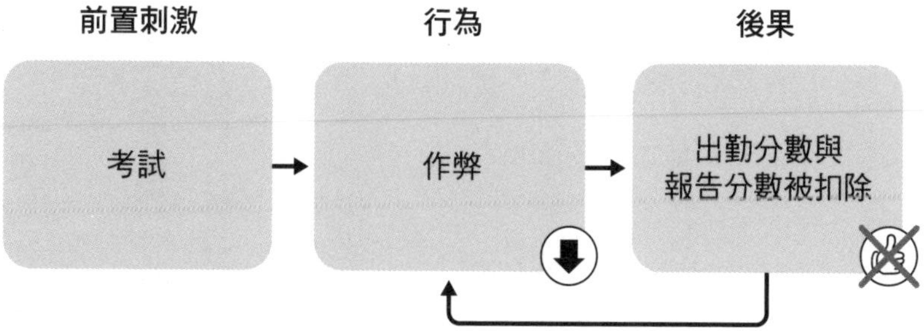

上司聽到錯誤呈報，為減少錯誤，給了部屬「嚴加追問」的「後果」；但這做為負增強物的「後果」，是在部屬「報告的行為」之後立即發生。也就是說，上司在這個時間點追究，違背了他原本的意圖——**減少錯誤，反而造成部屬「減少報告」的後果**。亦即，想用負增強物控制、減少行為時，**要仔細考慮即將給予負增強物之前的行為，是不是你所欲減少的行為**。

至於錯誤的處理方式，只要由前輩在工作場所指導新手，在新手若操作錯誤時立即指正，就能減少操作錯誤的情況。

要弄清楚這四種類型的「後果」，首先要注意它是「出現還是消失」。第一步要比較行為前後的變化；亦即觀察與「前置刺激」相比，有什麼東西出現或消失了？除了看得見的實物，也要探究行為者腦中與內心的「後果」，如「比較不緊張了」、「感覺和對方的距離拉近了」等等。然後，確認「出現或消失」的「後果」是讓行為增加了？還是減少了？

負增強物的效果令人存疑

在部屬發現錯誤後向上司報告，結果被追究的例子中，我們可以看到，錯誤並未減少，但報告減少了，**罵人看起來沒什麼用**。實際上，有研究顯示，想用負增強物讓行為停止（弱化），通常無濟於事。

跟職權騷擾一樣，意圖用斥責、發脾氣、處罰、威嚇等負增強物使行為減少（弱化），不只有倫理的問題，效果也令人懷疑。

之所以會如此，有三個理由。

第一，**因負增強物出現而造成行為弱化，效果通常只是暫時的**。意思是，行為在剛被罵的那段期間會減少（弱化），但不久後，當罵人者不在身旁，問題行為就不會減少了。就像嚴格的店長、課長在辦公室時，部屬會有緊張感；但當他們外出，部屬就會偷懶。

第二，被罵的人會產生不安、恐懼、憤怒等負面情緒。大家都知道，斥責會造成不信任感、使攻擊性增加，罵人的一方也會感到不快。**我們應該把目標放在有效減少不理想的行為**，而負面情緒的產生會增加其他不理想行為，所以，這種做法稱不上有效率。

第三，**斥責的強度若無法提高，就會漸漸失去作用**。事實上，人們對負增強物的刺激（挨罵、受罰）會慢慢習慣；要有效使行為弱化，就必須提高負增強物的強度。

依據這三個理由，想要以負增強物弱化將來的行為，必須滿足十四個（！）條件。每次都必須確實給予負增強物，而且要在對方無法逃避的狀況下給予。比其持續滿足這些條件，其他方法應該更有用吧！

基於同樣的理由，我們可以知道**「以負增強物消失來強化行為」通常徒勞無功**。

例如，如果上司經常給予負增強物，部屬就會跟上司保持距離，這樣就無法達成「暢

3-12 負增強物的「後果」效果不彰

	後果的類型	後果出現或消失
強化（增加）⬆	①正增強物 👍	出現
	②負增強物 👎	消失 ⊗
弱化（減少）⬇	③正增強物 👍	消失 ⊗
	④負增強物 👎	出現

所欲言」與「互助」的目標。而且，如果行為是因為受威脅而產生，就沒有「信任與尊敬」的感覺，而一般認為這是心理安全感的前提。

總結之前的討論，前頁圖的灰色部分，即**「運用負增強物的模式」**，**基本上應避免使用**。以作弊為例討論「行為因正增強物消失而弱化」時，提過這種模式讓人覺得很像「處罰」。想減少問題行為時，**最好先研究一下能否用「正增強物出現」來造成理想行為，以代替問題行為**；斟酌後如果真的需要，再考慮「因正增強物消失而弱化」的模式。

無論如何，最好避免用負增強物來控制行為。

觀察行為的增減

實務應用上，經常需要考量**「這個東西是否真的是正（負）增強物」**。例如，你設計了以金錢為誘因的制度，但人們的行為並未增加，就是因為**這個誘因在現實上並未發揮正增強物的作用**。

有關報酬的研究指出，當行為本身就帶給人快樂，事先預告做出該行為者將獲得金錢報酬（後果），會使行為弱化。這種情況下，金錢報酬發揮了負增強物的作用。不要覺得「這個東西是令人開心的，成員並未因此增加行為，是因為他們很奇怪」，**而要用「實際上理想行為是否增加／不理想行為是否減少」的觀點來看待現實。**

補充一下，當「事情不如預期，什麼都沒發生」時，雖然行為前後並未產生任何變化，但一般可以理解為「因負增強物出現」而導致弱化（行為減少）。

以行為分析改變行為

人身攻擊毫無作用

採用「行為可用前置刺激與後果來控制」的觀點，**可避免人身攻擊的陷阱**。人身攻擊就是責備個人的內心層面，例如說某人毫無幹勁之類。

當你說某人毫無幹勁，就**彷彿「幹勁」是一種人人都該有的東西，但他卻沒有**。但實際上，你只是說他遲到了，或提出的資料不完整；說他沒幹勁，**是你為他的幾個具體行為「貼標籤」**（請參考第二章「採取具體行動才能得到好結果」中的花束例子）。

貼標籤、說別人沒幹勁很簡單。但實際上，你要一個人拿出幹勁，他就會有幹勁嗎？

並沒有這麼輕鬆的管理方法。

「人身攻擊的陷阱」本質上就是**指責個人的內心層面（幹勁、自信、性格、能力等），與解決問題、改變行為無關**。當然，當你聽到「某人沒有幹勁」的說法，或許可以預測他在期限截止前不會把該完成的工作交出來吧！

不過，如果把焦點放在周遭的人、管理者或本人能夠具體處理的「前置刺激」與「後果」，或許會更「有用」（更有心理彈性）。實際上，改變「前置刺激」與「後果」就能夠影響行為。

改變自己的行為比改變他人、團隊、組織的行為更簡單。因此，本小節先以「改變自己的行為」——尤其以「戒除自己的壞習慣（行為的持續）、培養好習慣」為目標，仔細檢視「前置刺激」與「後果」。

試著改變自己的習慣

為了實際改變行為，請試著為你自己「想戒除的習慣」做行為分析吧！

想改變行為時，不要馬上就思考行為改變的「前置刺激」與「後果」；重要的是，要思考現在自己想「戒除」的習慣是由什麼樣的「前置刺激」、「後果」所維持與強化。

作業：為自己「想戒除的習慣」做行為分析

請試著為你自己「想戒除的行為、習慣」做行為分析。先不要考慮「改變」這件事，只試著做「行為分析」就好。

為方便說明，我會舉一個例子，請大家邊看邊想，什麼樣的行為該如何分析，應該能做為行為分析思考方式的參考。實際上，這是我們進修課程學員的實例。

步驟①：行為

決定一個「想戒除的行為、習慣」

在我們的實例中，學員想戒除的習慣是「一不小心就會吃太多」。

步驟②：前置刺激

思考這個行為、習慣的「前置刺激」，亦即它是在何時、什麼樣的條件下產生的？

思考「前置刺激」時，**用自問自答的Q&A形式會有幫助。**

Q 任何時候都吃太多嗎？還是午餐或晚餐的時候？

A 不是任何時候，只有晚餐時間。

Q 每天晚餐都會吃太多嗎？吃太多的時候與沒吃太多的時候有什麼差別呢？

3-13 為想戒除的習慣進行行為分析

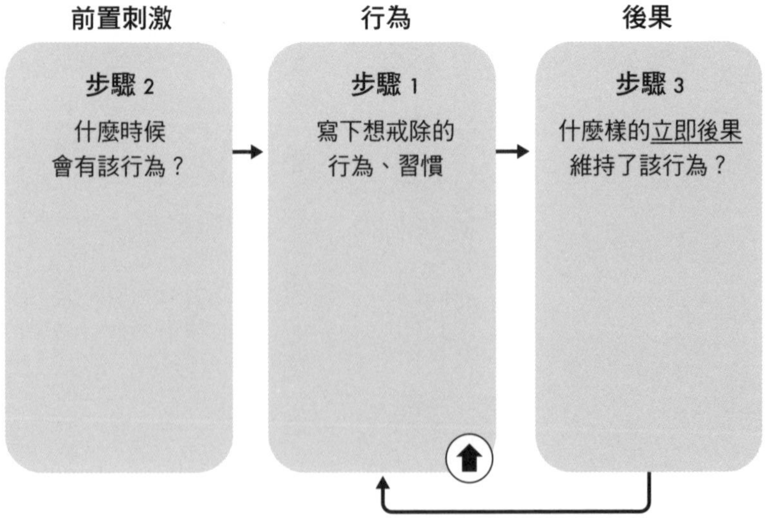
前置刺激
步驟 2
什麼時候
會有該行為？
行為
步驟 1
寫下想戒除的
行為、習慣
後果
步驟 3
什麼樣的立即後果
維持了該行為？

A 不是每天。是在工作上有壓力或有大麻煩的時候。

Q 有工作壓力的時候，總是會吃太多嗎？請回想一下，在吃太多的日子，吃太多的那一瞬間是什麼狀況？

A 啊！是家裡有常備食物的時候。我不會去便利商店買。

用以上的方式，問自己「什麼時候總是會做出該行為」，多問幾次，就能搞清楚「前置刺激」是什麼了。

3-14 「吃太多」的立即愉快後果與長期的不愉快後果

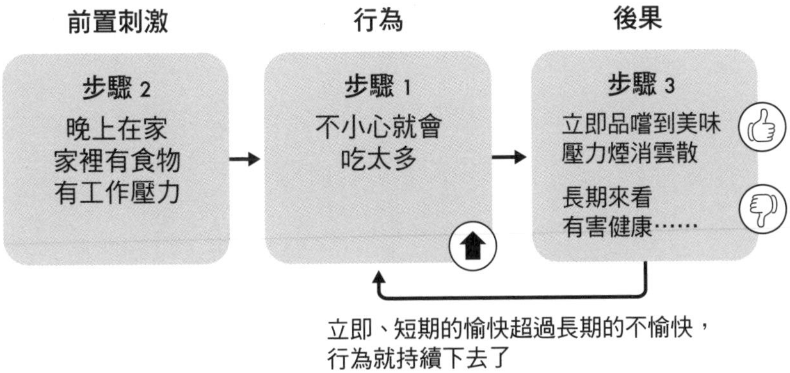
前置刺激
步驟 2
晚上在家
家裡有食物
有工作壓力
行為
步驟 1
不小心就會
吃太多
後果
步驟 3
立即品嚐到美味
壓力煙消雲散
長期來看
有害健康……
立即、短期的愉快超過長期的不愉快，
行為就持續下去了

步驟③：後果

思考在行為之後，有什麼樣的「立即後果」？

你沉浸在該行為時，與剛完成該行為之後，有什麼想法或感覺呢？把它寫在「後果」欄。想像在行為進行中或完成那一刻的寫實場景，進入該場景，就能知道有什麼「後果」了。

這個實例中，在「吃東西」的行為之後，你馬上就會有「好好吃」、「滿足」的感覺，工作壓力也暫時抒解。當然，雖然有罪惡感，也有「長期下來會危害健康」的不愉快感；但短期的愉快感影響力較大，所以這個行為就被強化、維持下來了。儘管不是每天，但已養成習慣。以上就是行為分析。

步驟④：改變行為的設計

用改變「前置刺激」與「後果」來設計自己的習慣

「接下來是改變行為。家裡的食物你是在什麼時候買呢？有一個辦法，就是把食物庫存量控制在暴飲暴食的程度以下。」

「啊！這個東西是因為大減價，特別便宜才買的。」

「原來如此，因為特價，不知不覺就大買特買。這樣的行為雖然讓我覺得賺到了，但考慮到我會一口氣吃光，危害到健康，就覺得這個習慣似乎可以改一改。那麼，下次看到特價商品時，我的行為會改吧？」

「我覺得好像會。就算是特價，但我可以預想自己只買了適量。」

「那就試個一、兩週看看吧！還有一件事很重要，就是有工作壓力那天，晚上回家時該如何抒解壓力？準備好替代行為了嗎？什麼樣的行為可以抒解壓力？」

「是啊，怎麼辦呢……我喜歡看喜劇，如果用英語收看國外的喜劇，既可抒發壓力，又可以學習。我覺得這樣很好！」

「不錯喔！如果是喜劇，看劇就會覺得有趣，得到愉快的後果，行為應該就能持續下去了。」

用這樣的方式，深入思考什麼事情會成為自己的「前置刺激」與「後果」？行為能否持續下去？重要的是，把現實上可以改變的「前置刺激」巧妙轉換成其他事情，導入新「行為」，並仔細思考，什麼「後果」能讓更理想的新行為長期持續。

前面已提過，「用負增強物控制行為通常無濟於事」。重新審視自己的行為之後，你是否已不太想用負增強物來控制行為，也覺得用負增強物效果不佳？

在第三章後半，我們會用這樣的方式，以「自己行為能夠改變」的真實感為基礎，對與心理安全感四要素相關的行為進行行為分析，使行為改變。

用改變團隊行為來建立心理安全感

有效利用「行為分析」確保心理安全感

第一章提過心理安全感四要素變化的三個階段：「行為與技巧」、「關係與文化」、「結構與環境」，愈後面的階段愈難改變。

這一節主要探討的是這三個階段中的「行為與技巧」。即使你沒有相對的職權與地位，這部分也是比較容易處理的。我會試著使用「行為分析」，探討為團隊帶來心理安全感的具體方法。

接下來你要做的是，採取各種不同方法來處理成員的每個與心理安全感四要素（暢所欲言、互助、挑戰、歡迎新事物）相關的行為。因此，**你本身的行為會成為他人的「前置刺激」、「後果」的一部分。**

方法①：減少阻礙成員做出四要素相關行為的「前置刺激與後果」。

方法②：創造增加成員做出四要素相關行為的「前置刺激與後果」。

方法①是指「給予處罰、弱化行為」。從「後果」來看，就是給予負增強物或移除正增強物。

以第一個要素「暢所欲言」為例，如果你說話（行為）時，對方總是給予負增強物，「眼睛不看你，一直盯著電腦螢幕，沒有點頭或其他反應」，這樣的後果應該會讓你跟他說話的行為弱化（機率減少）吧！這種情況如果畫成圖，就會像下頁圖那個樣子。第一章提過「缺乏心理安全感的團隊就是給予懲罰的團隊」，這樣的團隊就會有這種**「不愉快的後果」**。

關於方法②，我們先從「前置刺激」開始看起。考慮對方的狀況與脈絡，加上高明的表達，可以促使許多行為產生。也就是說，你可以和成員談話，做為促使他們今後做出有心理安全感行為的「前置刺激」。

學過行為分析後，我們已經了解**「後果」的重要性**。成員有可能會因為你的話而做出一次行為，但此時如果沒有出現適當的「後果」，亦即你沒有給予適切的反應或表示認同，**該行為或許就只會發生一次**。

這絕對不表示你可以用同樣的說法或措辭控制對方，而是說要**仔細觀察對方，在讓對方看到「後果」之前，要持續追蹤他的後續行為**。重點在於「前置刺激」與「後果」的搭配組合。

例如，你對成員說：「如果發生問題，你來找我商量，我絕對不會生氣。我會持續追蹤，設法解決問題。所以，有問題的話趕快告訴我吧！」你讓成員看到「前置刺激」，就要遵守承諾，不

3-15 暢所欲言的「行為與後果」

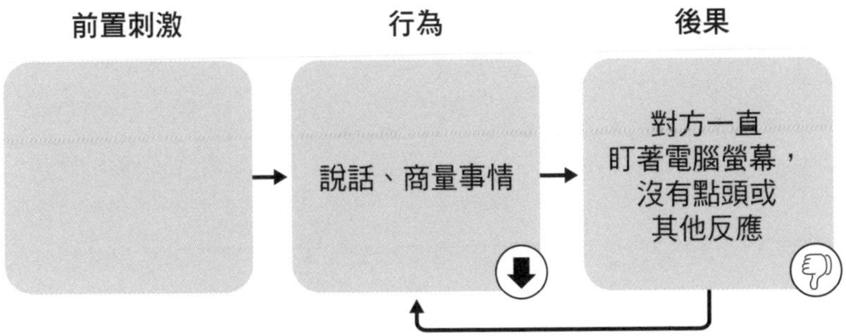

但不發脾氣，還要對他說「謝謝你馬上告訴我」，並實際幫忙解決問題。遵守承諾是非常重要的。

（第一次）「戰戰兢兢的找主管商量，他真的沒生氣，還幫我的忙。」

（第二次）「雖然還沒完全相信主管……但這次的討論比上次還輕鬆。還好有去找他商量。」

在這樣反覆的過程中，改變會慢慢發生。成員漸漸會覺得：「出錯或遇到麻煩的時候，就去找那位主管商量吧！」「在這個團隊，出錯或遇到麻煩的時候是可以商量的。」

接下來，我要分別對四要素進行行為分析。

3-16 找主管商量問題的「前置刺激→行為→後果」

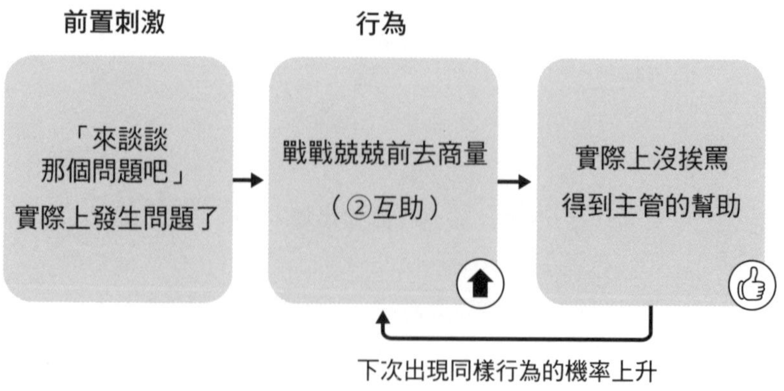

①暢所欲言的行為分析

被歸類到「暢所欲言」這個要素的行為包括「說話、表達意見、報告、聯絡、提出有建設性的反對意見、探聽、確認、質問、分享、閒聊」等等。對於這些行為，聆聽者可以有各式各樣的反應，包括「聽、傾聽、隨聲附和、道謝」等等。對說話者而言，這些都是「後果」。

從行為分析的原理原則來看，我首先說明**方法①：防止阻礙成員做出四要素相關行為的「前置刺激與後果」**。

全面防止在「暢所欲言」的行為之後，立即出現類似負增強物的反應，如「不搭腔」、「報告資料不完整便加以責問」等，以出現正增強物為目標。與「挑戰」相比，「對話」是日常生活中更容易發生的行為，因此，重視「後果」甚於「前置刺激」是合乎道理的。

理想的狀況是像下頁圖所示，「說者」與「聽者」雙方都發生因正增強物出現而強化的循環。

為了心理安全而接受「不合格的報告」──暢所欲言的後果

不過，應該會有人覺得：「講是那樣講，但如果報告真的很糟糕該怎麼辦？還是好好罵一頓比較好吧？」

如果你是上司與聽者，遇到報告品質低劣的新人時，該如何應對呢？

- 「我聽不懂你的報告。給我好好用容易理解的方式報告吧！」
- 「謝謝你的報告。」

這兩個選項之中，希望你務必選擇後者。

3-17 暢所欲言的行為

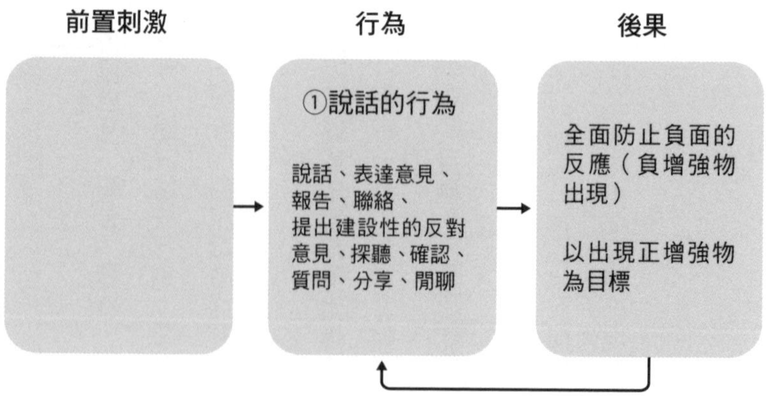

在這裡，我想提出一種方法，就是把「行為品質」與「想要的行為本身」區分開來。因為，如果去**評價行為的品質，理想行為（即使品質低落，行為本身依然可取）立刻會受到懲罰。**

如果你要新人用容易理解的方式報告，亦即指責他的行為品質，他馬上就能使報告簡明易懂的話，他早就這麼做了。

希望大家不要誤解，我的意思並不是「技術差沒關係」或「沒有成果也無所謂」；而是重點在於「增加理想行為」，以及「把行為本身／行為的不良品質分開來看」。維持與強化理想行為

3-18 暢所欲言要素重視雙方的正增強物

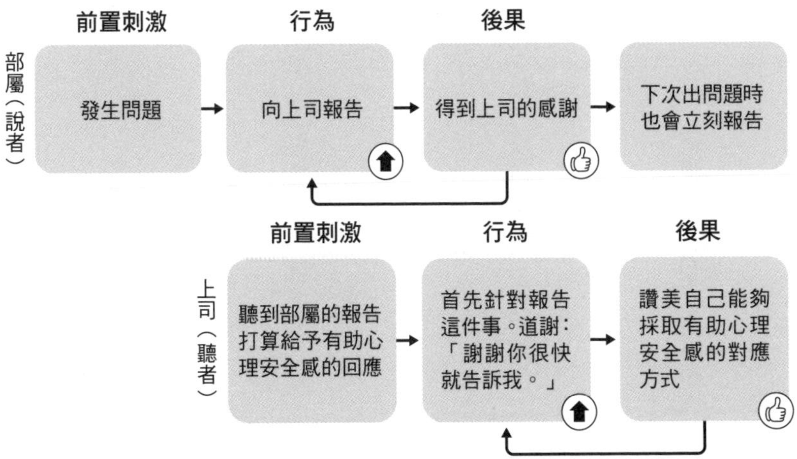

有助於提高技術與品質。

要他人「儘管說」是沒用的——暢所欲言的前置刺激

「雖然自然的說出來很難，但還是說出來比較好」——在鼓勵他人「暢所欲言」時，常聽見這種說法。當有人提出反對意見、不同見解或改進事項的時候，這種說法也適合當做回應。不過，最好能**重點式的製造「前置刺激」**，讓大家能坦率說出不同意見，這是「擁有心理安全感的團隊」的重點之一。

鼓勵他人暢所欲言時，我們腦中會馬上想到一句話，就是「儘管說」。不過，當你要別人「儘管說」，恐怕很少人會立刻興沖沖的說：「部長，那就讓我來指正你的問題吧！」如果有人突然要你「儘管說」，你應該會生氣（生氣對成員來說，是成為負增強物的「後果」），不是嗎？

要鼓勵成員發言時，我建議你根據脈絡，做更**具體的提示**。

例如，要推動新的方案、企畫時，你可以說：「為了讓企畫更好，有沒有人想到哪些地方需要改進？或有哪些疑慮或風險？」

部門開會決定因應對策時，你可以說：「請告訴我，你對你負責的部分有哪些疑慮？」

向部屬要求反饋時，你可以說：「你覺不覺得繼續這樣做可以提高〇〇先生的生產力，或讓討論問題更容易？不是現在講也沒關係，等你想到了請告訴我。」

對於成員提出的意見，不要馬上進入討論。先說：「謝謝你的意見，還有人有問題嗎？」然後把意見寫在白板或線上議程上。在調查各式各樣的意見，加以視覺化之後，再從優先順序高的地方開始討論，是比較理想的做法。

在沒有正確答案的時代，更應該鼓勵「有意義的意見對立」。

另一方面，在指出對方的問題或給予回應的時候，不要說「你應該如何如何」；比較有效的說法是「我的看法是這樣、我覺得如此」，亦即以「I message」的方式表達。

最好能進一步沙盤推演，推測接受回應的一方會有什麼感覺、下一步行為將如何改變，再對他表達你的意見。

②互助的行為分析

從接受幫助者的立場來看，被歸類到這個要素的行為包括**「求助、尋求合作、談論或與人商量自己遇到的麻煩或失誤及請求、說明原委、說出目前為止的因應方式和結果、拜託別人和自己一起去拜訪客戶並道歉」**等。

從助人者、伸出援手者、協助解決問題者的立場來看，被歸類到這個要素的行為包括**「聆聽、指示方針、思考解決策略、分攤工作、把工作拿回來自己做」**等等。

「暢所欲言」要素重視「後果」，「互助」要素則**重視創造「前置刺激」**，使人樂於做出「與他人商量事情」的行為；例如對他人說「我需要幫助」、「抱歉，現在要通知你出問題了」等等，這種做法更有助於加強互助要素。

單純「詢問」的行為——互助的前置刺激

為鼓勵求助行為，你可以做的第一件事，就是提出可能成為對方求助「前置刺激」的問題。

例如「怎麼了？」「有困擾嗎？」「有什麼地方讓你不放心嗎？就算只是小事，也可以直接問。」「我拜託你做的事情，有什麼地方很難懂或讓你不知道怎麼辦嗎？」「現在忙不過來～如果耽誤到你，請跟我說。」「有壞消息嗎？」等等。

表達你希望對方來找你「討論／報告」——互助的前置刺激

發生問題時，有些人不想向上司報告或找上司商量，是因為他們相信「有問題必須自己解決」、「應該等解決後再告訴上司」。現在，大多數學校還是要學生一個人做作業、考試、寫報告，所以也難怪剛畢業或年輕的員工會這麼想。

這種情況下，只需要直接對他們表達你的期待，就可以得到效果。你可以說「為了一起解決問題，請你們來向我報告或找我商量」、「早點告訴我的話，在大火燒起來之前就可以滅火了」等等。

如果你要教新手或缺乏經驗的人掌握工作的要訣，只要用以下方式，告訴他們「前置刺激→行為→後果」架構就可以了。

「如果你停止手上的工作十分鐘，請告訴我。打聲招呼就行了。這樣的話，我會問你停在哪裡，你再一項一項告訴我」、「如果我看起來很忙，不方便說話，你可以寫電子郵件告訴我；寫一行字『我停止工作了』就可以了，我會再找你談」。

以上例子的「前置刺激→行為→後果」如下：

前置刺激：停止手上的工作十分鐘，前輩看起來並不忙

行為：對前輩說你停止工作了

後果：前輩傾聽你的問題

前置刺激：停下手上的工作十分鐘，前輩看起來正在忙

行為：傳電子郵件給前輩，告訴他你停止工作了

前置刺激：前輩稍後會傾聽你的狀況

不只是新手，連能幹的經理，也能用這樣的方式鼓勵他們求助。

曾任豐田汽車公司名譽會長的張富士夫在美國喬治城擔任廠長時，剛跳槽過來的經

理在報告時問他：「怎麼做才能使工作進展順利？」他回答：「大家都知道你是優秀的經理。否則，我就不會雇用你了。不過，為了讓我們一起努力，請你談談你面臨的問題。」

用「前置刺激↓行為↓後果」架構來分析這件事，結果如下圖。

以「前置刺激」來說，重點是要鼓勵大家求助，把問題說出來，以及給予「後果」，讓大家覺得說出問題、找人商量問題是件好事。

不過在現實上，有人報告問題時，上司通常會回應：「為什麼會變成這樣？」「怎麼會發生這種問題？」這是組織裡常見的「後果」。

3-19 製造求助的「前置刺激」

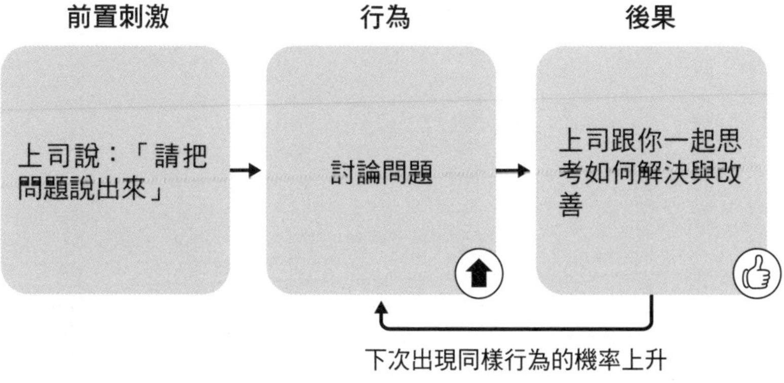
前置刺激
行為
後果
上司說：「請把問題說出來」
討論問題
上司跟你一起思考如何解決與改善
下次出現同樣行為的機率上升

「為什麼」、「怎麼會」的替代詞——互助的前置刺激

在使用「為什麼」、「怎麼會」這兩個疑問詞時，應該要謹慎小心。因為**對許多人來說，聽到這兩個詞時，都處於負面的情境。**

你小時候如果考試得了一百分，就會被稱讚；如果得了三十分，別人會劈頭就問：「為什麼？怎麼會這樣？」用詢問理由的形式來責備你。我們的社會不問人為何成功，但會問人為何失敗。因此，我們往往一聽到「為什麼、怎麼會」就會退縮，開始用「自我保護模式」說話。所以，如果用「什麼」、「哪裡」來代替「為什麼」，事情通常會比較順利。

不問「為什麼會這樣」，而問：「能說明一下在哪裡發生了什麼事嗎？」

不問「為什麼依照這樣的順序」，而問：「你先做這件事，是因為你覺得什麼事情最重要？」

不問「為什麼訂貨失敗」，而問：「要改善哪道營業程序，才能提高訂貨成功率？」

就算你是為了幫助成員才想獲取訊息，但**光是你的詢問方式，就容易讓人覺得被處罰或指責**。因此，設法使用開放式的問法，讓成員不要產生這種感覺，是很重要的事。

③挑戰的行為分析

從挑戰者的角度，可歸類到這個要素的「行為」包括**「嘗試、動腦筋、實驗、探索、企畫、舉手抓住機會、變更程序、分享點子、檢驗假設、採用新的行為模式」**等等。

從促進、歡迎組織團隊中的挑戰的角度，可歸類到這個要素的「行為」包括**「歡迎挑戰、鼓勵動腦、第一時間表示同意、給予機會、推動新方針、歡迎偏離常識的意見」**等等。

在大多數的組織，「挑戰」並不是大家習以為常的行為。因此，與「互助」要素相同，製造「前置刺激」是更有效的做法。例如，設定「提升目前百分之八十的業務效率，擠出百分之二十的勞動力投入今後的新工作」為目標，對提升「挑戰」要素的水準而言，可說是良好的「前置刺激」。

另外，奧多比（Adobe）公司的 Kickbox 計畫中，公司分發給員工「構思點子的工具」、「驗證點子的檢核表」及「用來實現點子、可自由運用的一千美元預付儲值卡」，用來獎勵創新（在 Kickbox 基金會的網站，工具和檢核表都是開放資源，提供員工下載）。

這也是鼓勵員工接受挑戰的有效「前置刺激」與訊息。

我並不是想說明這種大規模組織整體的措施，而是想介紹一下團隊領導人、管理階能夠快速製造的「前置刺激」。此外，「製造最佳創新方法」超出本書的討論範圍，所以我從心理安全感的脈絡，以「增加團隊中挑戰與探索行為」的觀點來說明。

直接表達「歡迎挑戰」——挑戰的前置刺激

要製造促進挑戰的有效「前置刺激」，首先要做的就是直接向成員表達「歡迎挑戰」之意；另外，也可以提及本書開頭所說的「從前是有正確答案的時代，現在是沒有正確答案的時代」，以時代的變化說明挑戰的重要性。

這個團隊「歡迎探索新事物」。要促進挑戰，最好先針對有風險的事物，進行快速、小規模的嘗試，並宣告「就算失敗，也要從中汲取教訓」。

限定範圍、請成員設法改善——挑戰的前置刺激

如果你向成員徵求點子時，說你要「廣泛、有趣的點子，任何點子都可以」，反而

會蒐集不到點子，因為創意通常在有限的範圍中產生。那麼，要限定員工在什麼樣的範圍找點子呢？我認為，**可以看顧客有什麼牢騷、不滿、困擾與問題等負面反應，再思考該用什麼方法對應。**

我想，為同樣的客戶尋求更大的滿足、摸索更好的問題解決方法，是很好的設限範圍，可做為促進「挑戰」的第一步。尤其對管理部門來說，改把其他部門當「客戶」來看，是很重要的事。以管理部門的立場，思考「如何讓對方聽你說話」、「如何讓對方樂於跟你合作」，並徵求方法，可能會成為促進新「挑戰」的種子。

分享學習成果，製造「輕鬆嘗試」的氛圍——挑戰的前置刺激

對成員說：「這本書、這篇報導推薦這種方法，我想試行一週左右。」然後嘗試實施約兩週，反覆運用與修正，就能讓大家覺得「嘗試」與「配合自己的狀況進行修正」都是好事，為「嘗試」製造氛圍。

應防止的「後果」與應導入的「後果」——挑戰的前置刺激

前面我們討論了促進「挑戰」的「前置刺激」。

另一方面，以下的「後果」會妨礙挑戰，應立即防止：

■阻礙挑戰，做為負增強物的「後果」

- 把做不到的理由、困難的理由、想得到的風險一一列舉出來
- 過度打聽其他公司的成功事例（只能追隨其他公司的車尾燈）
- 問「真的進展順利嗎」、「不會失敗嗎」之類問題
- 在小措施的嘗試階段就追求ROI（投資報酬率）
- 只要舉手自薦，所有事情就變成舉手者一個人的責任，他必須孤軍奮戰
- 問「如果失敗了，要不要追究責任」之類問題

這些都是組織裡司空見慣的事，而這些事都會阻礙挑戰，對勇於挑戰的人來說，都是有負增強物作用的「後果」。

接下來，我將正增強物條列如下。

■促進挑戰，做為正增強物的「後果」

- 稱讚挑戰的行為本身（例如第一金企鵝獎〔First Penguin Award〕）
- 關心過程與程序
- 一起反思結果、一起學習的態度
- 在組織內廣傳一系列挑戰的事例

心理安全感要能發揮作用，「反思」（Reflection）**即一起反思結果、一起學習的態度是非常重要的**。因為這樣的態度正是「團隊從實踐中學習」的關鍵所在。

④歡迎新事物的行為分析

「歡迎新事物」的行為分析可以從兩個角度來看，一是「發揮個性與真實本色（Authenticity）者」的角度，一是「歡迎發揮個性與真實本色者」的角度。

發揮個性與真實本色者的「行為」包括**「分享自己的看法與見解、運用自己的優勢、**

從事自己擅長領域的工作、將自己不擅長的工作委託別人、分享自己所重視的事物」等等。

另一方面，組織、團隊中歡迎個性化表現者的「行為」包括**「不求同、歡迎差異、包容（Inclusion）、依據個性與個人風格安排適當工作與角色、歡迎各式各樣的觀點」**等等。

也許有人會覺得，雖說要發揮個性沒錯，但這樣只會變成任性，而且也有壞處。關於這點，我想先摘要介紹倫敦商學院（London Business School）教授丹．凱柏（Dan Cable）等人對威普羅（Wipro）公司的研究。該公司原以印度為據點、從事食品、醫藥品製造業，後來轉型為世界級的委外營運（Business Process Outsourcing，BPO）企業，全世界的員工超過十萬名。

該研究將營運中心約六百名新進員工隨機分成三組；除了標準培訓課程之外，第一組員工增加了強調個人認同的培訓課程，第二組員工增加了強調公司認同的培訓課程，第三組員工則只實行歷年的標準培訓課程。

進公司半年後，比起其他兩組，**強調個人認同的那組有較高的顧客滿意度，留在公司的比例也多了百分之三十三。**

強調個人認同那組追加的課程內容如下：

1 高階領導人的簡報：告訴新人，在該公司工作是表現自我與創造個人可能性的絕佳機會
2 新進員工個別進行解決問題的練習
3 回顧該練習，思考如何在工作上運用自己的強項
4 在小組中自我介紹，分享在練習中做的決定
5 給每個成員小禮物：印著自己名字的徽章和襯衫

丹・凱柏等人的結論是，「認同真實的自己、與接受自己的他者建立關係，能夠加強資訊分享與互相合作的傾向，結果就是生產力的提高」。嘗試實施這樣的培訓課程，應該也是促進「歡迎新事物」要素的有效「前置刺激」。

接下來我要談的不是這類大規模組織整體的措施，而是團隊領導者層級也能製造的「前置刺激與後果」。

首先要防止的習慣——歡迎新事物的前置刺激、後果

很令人驚訝的，在多數組織，妨礙「歡迎新事物」要素的前置刺激與後果大都在日常中發生。

■阻礙歡迎新事物的「前置刺激」

●上司的意見是絕對的，沒有發揮個性的餘地

●周遭普遍對特定職位或職務有刻板印象，認為它們「本來就該是某種樣子」

●猜測高層腦中的正確答案是什麼

●不恰當的平等主義：不考慮強項／弱項、擅長領域／非擅長領域等個別差異

■阻礙歡迎新事物、做為負增強物的「後果」

●不在意目標的達成，只拘泥於瑣碎的手段與程序

●只做上司交代的事比額外動腦筋更受好評

●應聲蟲與馬屁精得到高評價

- 拒絕不同的意見，要提出異議者「依照常理思考」
- 無法理解對方的意思時，就停止對話

以上的前置刺激與後果就像花園中的雜草，應儘可能細心拔除，才能為「歡迎新事物」鋪下沃土。

直接鼓勵成員發揮個性——歡迎新事物的前置刺激

大部分情況下，在多方考慮各種手段之前，最好先嘗試「直接鼓勵」的方式。

領導者可以對成員說：「**在這個團隊裡，我希望你們務必發揮自己的強項。要記得尊重團隊其他成員的情緒和工作，但仍要維持自己的工作風格。**如果你們被委託或分配到的任務不能讓你們發揮長處，可以來找我討論。」

當然，如果工作進展不順利，也要對成員說：「謝謝你努力想發揮自己的強項。」除了製造前置刺激，還要遵守承諾，亦即給予成員好的「後果」，他們才會做出你所期待的行為。

看出何為「有價值的行為」，進行適當分配——歡迎新事物的前置刺激

有沒有哪些行為，不是每次發生後都立即出現「後果」（給予正／負增強物），但「行為本身讓你很愉快，你也會持續做下去」的呢？更進一步說，有沒有事情是你「想做就做」的呢？

我以釣魚愛好者為例來說明即使沒有「後果」，「行為」也能持續下去的情況，好讓大家更深入理解。以下，我為釣魚人的釣魚行為進行行為分析。

在可以釣魚的地點使用釣竿等工具（前置刺激）釣魚（行為），然後得到魚（後果）。但是，釣魚人並非真的想要這個「後果」（得到魚）。如果他只是想要魚，你對他說：「我在築地買了更大的魚喔！送給你當禮物！」他應該會很高興，但事實並非如此。

也就是說，釣魚人並非為了得到這個「後果」而追求效率或CP值。他獲得的是從釣魚這個行為本身所得到的樂趣與後果。

對採取有價值行為的人來說，「後果」就像獎金；能釣到魚當然開心，但並非絕對條件。本書將這樣的行為稱為**「有價值的行為」**（Valued Behaviors）。有價值的行為並非應該做的行為，而是當事人**「全心投入」**、**「即使遇到困難或逆境，也會持續下去」**的行為。

每個人對有價值行為的定義皆不同，而有價值行為可用來提升心理安全感四要素中的「歡迎新事物」。

對「歡迎新事物」要素而言，**發揮個性與強項、分配適材適所的工作是非常重要的。**找出「有價值的行為」就是找到擁有「個性與強項」的成員，該成員會為團隊績效最大化的「任務分配方式」指出方向。

「有價值的行為」也會促進「挑戰」。如果成員分享彼此的「有價值行為」，他們就會請擅長的人幫忙自己不拿手的工作，促進「互助」。畢竟，團隊工作的好處就是能以一個人的優點補足另一個人的缺點。讓成員在他們想做的、重視的、優勢的領域有能夠發揮的角色，是非常重要的。

對你與成員來說，單純持續什麼樣的行為會讓你們感到快樂呢？去找出來吧！我們會在第五章討論具體方法。

透過了解你自己的強項（有價值的行為），首先你就能「放下完美主義、用強項讓自己發光發亮、將弱項委託他人」；知道成員的「有價值行為」，就能進行最適當的工作分配，這應該會是良好的「前置刺激」。

嚴格的管理方式所帶來的影響

在本章結尾，我想從行為分析的觀點談談成員的指導與培育。

「行為分析」能夠運用「前置刺激」與「後果」，使行為增加或減少。

前文提過，本章將**「行為」與「行為品質」分開思考，若想增加行為，就要給予正增強物**。但是，當「品質」未達標準，想要提升「品質」時，實際上該怎麼做呢？

當我們站在指導者的立場，就能感覺到**在品質未達標準時加以斥責，對指導而言非常重要；也有人堅持一定要用斥責的方式來指導部屬**。應該也有不少人在接受晉升管理職的命令時，暗想：「我一定要嚴格鞭策部屬，免得被小看了！」但是，正如你所見，斥責只會**「減少行為」**。

在有生命危險或受傷可能性的工廠，如果菜鳥嬉鬧，斥責會有「減少嬉鬧行為」的效果。但如果報告品質低劣，又必須讓報告繼續下去時，斥責就不是好主意。

在史丹佛大學擔任科學部主任的艾瑪·賽佩拉（Emma Seppala）也在文章中提到：「嚴格」的管理者通常認為給部屬壓力能提高績效，但這種想法是錯的；因為，提高的不是績效，而是壓力。有研究指出，高度壓力會帶給雇用者與員工各種損失。由此可見，一味嚴格、給予負增強物，沒有什麼意義。

如果對部屬嚴格，部屬就會在你面前說：「好的，我會好好做。」這句話對你來說是正增強物，讓你覺得你的指導有效；然後，嚴格管理的行為會繼續維持、強化。這點在前面已討論過。

也許你曾經在被罵之後提起幹勁（增加行為）。我就曾經在被老師斥責後，重新思考人生，這種經驗不只一、兩次。可以說，這種效果是在雙方原本就有穩固的信任關係時才會發生。斥責者認為被斥責者潛力無窮，才能與未來不只如此；此時，斥責不是為了壓倒對方，而是為了讓對方有所提升。

我的老師之一，Mindset, Inc. 的李英俊社長曾給了我一句話：「別吝惜你的才能。」除了嚴厲的斥責之外，這句話也傳達了他對我的才能的信任。因此，在確信自己「比對方更能考慮到他的才能與未來」之前，最好不要模仿「以嚴格對待來增加行為」這種高招。

用「提示」提升技能

「提示」（Prompt）能讓你確實提升技能與品質，但不需採用斥責之類的嚴厲指導方式。在「前置刺激」中，「提示」是「能提高正確行為發生機率的輔助工具」。透過「提示」，可進行一連串行為模式訓練，讓受訓練者逐漸接近正確答案。「提示」有強度之分，請見下頁圖。原則上，「強烈的」提示雖然不容易失敗，但比較費事，也容易讓人產生依賴。

成員技術能力不足時，可以給他強度3～6的提示，加速技術能力的訓練。但**原則上，提示強度要「盡量降低」，如果你需要的行為已確定存在，就要「褪除」（Fading）提示。**

例如，提示強度6的「一起做」，對新人來說，可能是跟前輩一起拜訪客戶，或跟前輩一起推動業務。這個方式在一開始很有用，但如果沒有前輩陪伴，新人就一直沒辦法去推銷產品，那就麻煩了。所以，可以給新人看提示強度5的範本，或用提示強度4的手冊、圖解，把客戶傳來的確認事項表移交給他，讓他慢慢獨立。

強度3的「一步步指示」，可能是在新人和客戶多次談判的空檔，跟他分享客戶的狀況、請示，並準備下次的談判。如果是已具備充足戰力的新人，只要問他：「你覺得接下來要採取什麼對策比較好呢？」給予強度2的提示就可以了。

3-20 提示的強度

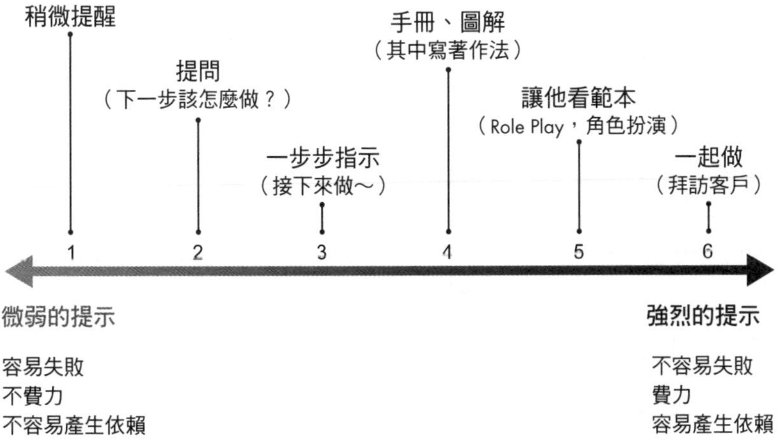

前面提過，強烈的提示比較費心勞力。如果被指導的對象已確立行為模式，最好可以褪除提示。

現在這個時代，強度1的「稍微提醒」可藉由科技進行。

日立製作所研究員矢野和男致力於培養組織團隊的心理安全感。日立開發了一種應用程式，每天會自動透過手機，對員工的工作方式提出建議（https://comemo.nikkei.com/n/n635b0acfa3b4），例如「和A先生談談」、「以開放態度接受部屬的諮詢」等等，一天花不到一分鐘，給員工一些小提醒。結果，經常看這些提示的團隊，下一季的訂貨達成率比沒看提示的團隊多了百分之二十七。

就算員工已具備充分的技術能力，這些為了讓組織、團隊更好的「小提示（提醒）」對推動工作仍相當有用。

停止使用「負增強物」來管理員工

你已經學過行為分析，能夠更深入理解哪種管理方式會讓成員缺乏心理安全感。

缺乏心理安全感的組織使用負增強物來管理員工。

當然，使用負增強物進行管理，員工仍能夠努力工作；他們可能因為「負增強物消失」，或為了「避開不久後可能出現的負增強物」而努力工作。

「為了不被罵而工作」、「為避免被刺傷而遵守規則」都屬於此類行為。看到這裡，你應該可以理解為什麼有些領導人、管理者會覺得：「為了讓員工努力工作，不嚴格是不行的。」不過，如前述，「用負增強物讓員工努力工作」的管理方式，也會「讓員工遠離給予負增強物的人」，所以，實際進行時不會順利。

此外，缺乏心理安全感的組織使用負增強物弱化行為，會使各種行為都被弱化。員工因為一點小事就被罵、被逼問，即使在原本不打算減少的行為之後，也會立即出現負增強物，導致該行為被弱化。

「雖然有點子，但還是不要說多餘的話」、「雖然覺得不對勁，但因為是上司說的，還是照做吧」，這類想法甚至會讓真正的理想行為弱化。

請停止使用「負增強物」，把目光朝向「正增強物」吧！

第4章 用語言提高心理安全感

實踐篇 II

Rule Governed Behavior

語言行為「能快速學習」

要建立心理安全感，但不想採取以「懲罰」或「不安」（負增強物）為基礎的管理與領導方式時，經常會遭到質疑。有些人認為，若不如此，大家還會努力工作嗎？或者，如果不嚴格督促，大家不會偷懶嗎？第三章所說的**「運用正增強物的後果控制」**，以及「根據有價值行為來分配任務」可以解答這類問題。

本章要討論的是「語言行為」的理論與實踐，這是打造「不依靠懲罰」而能努力工作的團隊的最後一塊拼圖。

你遇過這種情況嗎？你對大家說「有任何意見都可以提出來」，但大家一片靜默。

或者，因為沒有人回答，所以你指名一個個輪流回答，結果大家都說些不痛不癢的話。這些都是成員間瀰漫著不安、缺乏心理安全感的狀態。也可以說，這種狀況就是大家雖確實遵守規則與決策，但都只是虛應故事。

如果從未在過去經驗中體會到遵守規則的好處，如「自己的意見被採用，使組織有所改善」或「自己的意見被感謝」等等，即使自己好不容易提出意見，也會變成「流於形式的規則」。

本章的主題之一，就是如何改變團隊，使它能帶著真實感付諸行動，而非只遵守「流於形式的規則」。本章後半的主題是，讓團隊成為團隊，以及將打造組織文化的中心思想與價值觀用語言表達出來。因此，我們不會使用懲罰與不安來讓團隊成員努力工作，而會討論如何讓團隊加速走向「用語言建立標竿」的方向。

也就是說，本章後半會說明如何用語言的影響力增加與心理安全感四要素相關的行為，同時讓每個人覺得自己是往「標竿」前進，而非走向懲罰與不安。

用語言學習行為

「行為分析」的「前置刺激→行為→後果」架構，其實是以動物行為為原理。「動物行為」與人類獨有的「語言行為」，**最大的差異在於「行為的學習方式」。**

如圖所示，動物行為是「首先有行為」。也就是說，得到行為後立即出現的「後果」反饋之後，才會學到「如果行為後出現正增強物，該行為就是應該增加的行為；如果出現負增強物，就是應該減少的行為」。這種方式稱為體驗學習（Experiential Learning，譯注：最早被解釋為「做中學」，指一個人透過直接體驗來獲的知

4-1 動物行為與語言行為

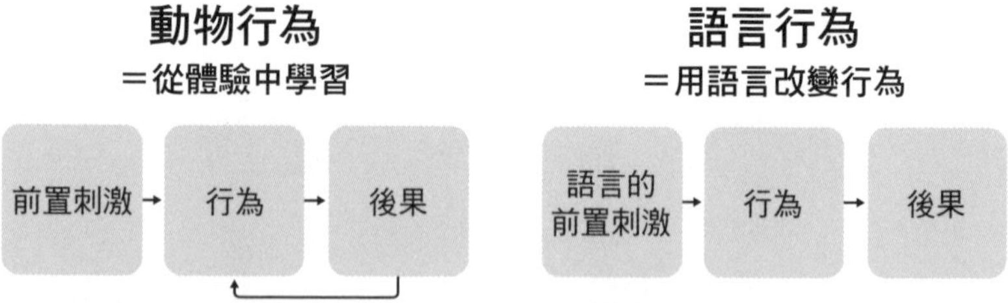

「行為後發生愉快的事」
→學到「要繼續該行為」
稱為「體驗學習」，屬於動物行為

OJT 或從經驗中學習
（譯注：OJT 是 On the Job Training 的縮寫，即上司和前輩在工作現場內，對下屬進行教育的一種培訓方法。）

別人告訴你「去做〇〇」、「做了〇〇就會一路順遂」

即使沒有實際體驗，也能從別人的話中學習

讀書、上學、進修課程中的學習

識、技能與學習價值）。

語言行為則是「從語言開始」，亦即，**如果用語言來教導，就算沒有實際體驗，也能學到適當的行為**。這就是兩者最大的差異。

也就是說，如果是動物，要在牠靠近馬路時有車輛衝過來，讓牠嘗到恐懼的滋味（負增強物出現），牠才會學到「跑到馬路上是危險的」（跑到馬路上的行為機率減少、弱化）；如果是語言到達某種程度的小孩，不需實際體驗到恐懼，也能從「跑到馬路上是危險的」這句話中學到適當行為。

人類行為是動物行為加上語言行為

生命的誕生已經超過四十億年，但微生物等原始生物仍難以用「前置刺激→行為→後果」這種高等的學習模式來改變行為。生物能夠運用這種行為分析架構，是在約四億年前魚類誕生之後的事。

另一方面，六百萬年前人類與黑猩猩分道揚鑣，經過相當長的時間後，人類才獲得語言能力，語言行為的萌芽推定約在七萬年前。因此，不應將人類的行為視為與動物完全不同，最好把人類行為看做「擁有四億年歷史的動物行為＋七萬年的語言行為」。語言行為的理論稱為「關聯框架理論」（Relational Frame Theory）。

加上「語言行為」後，**個人的體驗學習才能語言化，昇華為團隊的學習**；團隊才能取得溝通、推動計畫。這就是為何人類與其他動物會有這麼大的差別。

4-2 關聯框架理論

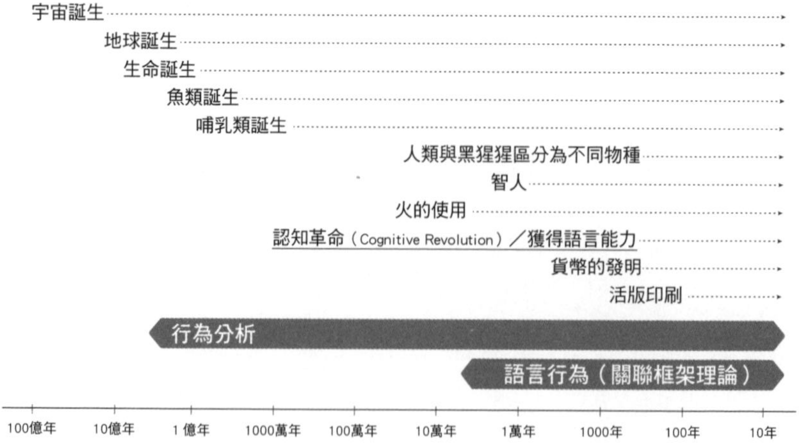

深奧的語言力量對人類行為的影響

語言的正面力量是，人類可透過有意義的公司使命、事業展望（願景），或優秀領導人的號召而團結合作。

語言也有黑暗面，它有時會讓我們受困於過去的成功法則，無法「挑戰」新行為；也會讓我們「相信話語字面上意義」，反而難以經由體驗，有意識的接受反饋，亦即感受性變得遲鈍。

我們會說「那些人很沒用」，依據偏見判斷他人、其他部門或有某種特性的人，而非依據現實的行為舉止。這麼一來，就可能對「歡迎新事物」造成阻礙。

語言創造出「不存在於此時此刻」的現實

我想，你應該會記得，在你讀著最令你感動的小說時，曾為了主角的活躍或困境、戀愛或遭遇，時而歡欣雀躍，時而憤怒，時而心中忐忑，時而流淚。

但是，小說在物理上不過是紙上墨水的痕跡或畫面的明暗。我們光看了紙上的墨水痕或畫面的明暗，就能真實感覺到想像中的主角所發生的故事，並深受感動，真是一種特別的「生物」。藉由這種方式，**語言能創造出「不存在於此時此刻」的現實。**

如果想到「錢」就能得到錢，那或許很好。所謂金錢，就是印著人臉和數字的紙片。但是，如果我向你借錢包，然後把裡面在物理上不過是紙片的一萬日圓鈔票隨便撕破三張，你應該會嘗到劇烈的「痛」吧！這應該是相當真實的痛。

如果大家都變成大猩猩，你拿出一萬日圓鈔票，說：「可以用這張紙換那根香蕉嗎？」你說不定會因為「提出不公平交易」而被趕出團體。因為一萬圓的「價值」對猩猩而言並非「現實」。

這種創造出「不存在於此時此刻」之現實的能力，正是創造故事的能力。如哈拉瑞（Yuval Noah Harari）在《人類大歷史》（*Sapiens: A Brief History of Humankind*，台灣由天下文化出版）中所言，這種能力讓人類能「和無數完全陌生的人用非常靈活的方式合作」。也就是說，這種能力成為我們團隊合作的根源。這裡所說的「語言」也可稱為「符號」（Symbol，象徵）。

不只這本書所寫的「文字」，腦中的聲音、企業品牌標誌或某種特定的色彩模式，我們都能將它與「現實」連結起來。也就是說，我們所擁有的**這種語言能力，本質上就是連結現實與符號的能力，也就是所謂「符號處理」（Symbol Manipulation）能力。**

星巴克綠白相間的標誌，是希臘神話中以歌聲宣告未來訊息、誘惑水手的賽蓮海妖（Siren）。它不只是一張圖，還讓我們聯想到「咖啡」、「第三空間」（The Third Place，譯注：由美國社會學家 Ray Oldenburg 在著作《The Great Good Place》中提出『第三空間』一詞，解釋人們在家〔第一〕與工作場所〔第二〕之外，花上最多時間、活動最頻繁的空間，像是咖啡館、公園、圖書館等等）、「良好的服務態度」、「舒服的地方」等等。

大眾將這個標誌與「品牌」連結，它不只帶給一般大眾好印象，也為星巴克的員工帶來「在好公司工作」的真實感。除了這個標誌以外，其他與符號相關的印象也都可以「增加」，但很難「減少」；也就是說，要消除已連結的印象，實際上非常困難。

因此，當經營者想對公司內外發布公司將有重大變革，或因為公司的併購，數間公司即將合併時，重新檢視企業識別（Corporate Identity，簡稱ＣＩ），包含品牌標誌與企業訊息，是有效的做法。

將符號（文字、記號、聲音等）與各種「現實」連結的能力使我們能遵循以語言所建立的規則，做出「規則支配的行為」（Rule-Governed Behavior）。

規則支配的行為

因為有這種連結能力，亦即符號處理能力，**我們才能超越眼前的「正負增強物」，以長期的視野努力。**這種以語言連結未來「後果」的能力、以語言支配、控制行為的能力，稱為**「規則支配的行為」**（Rule Governed Behavior）。

以下我將以三種規則支配行為說明什麼樣的規則（語意刺激，Verbal Stimulus）會影響聽到那項規則、相信規則的人的行為？用什麼方式影響？

1 順從行為（Pliance）→服從指令、服從規則

2 追蹤行為（Tracking）→依據服從指令所得到的「後果」而做出行為

3 擴張行為（Augmenting）→「後果」的強度變化

順從行為

「順從」就是**按照指令做出行為**，換句話說就是「因為是規則，所以遵守」。

俗話說的「老實人」、被稱為「優等生」的人，或基本上對規則不會質疑、想要遵守的人，會以「順從」為優先。

日本的組織、團隊一向「以和為貴」，重用這種「不多想」的人。在變化少、有正確答案的「從前」，或許這麼做組織就能順利運轉；但在正確答案瞬息萬變，前提也不斷改變

4-3 順從行為

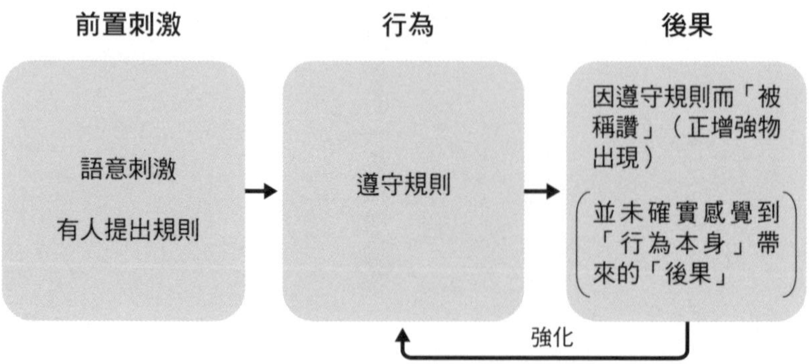

的「今後」，如果只知「順從」，無法因應變化的落後規則就會繼續存在於組織中。

如果組織、團隊缺乏心理安全感，為了保護自己，大家在意的不是有沒有拿出成績，而是有沒有嚴格遵守規定；亦即，「是否正確」比「是否有用」更重要。

可以說，**「順從」的行為其實並未從「行為本身」得到「後果」**；也就是說，**這種行為更重視提出規則的人給予的「後果」**。規則支配的行為容易使團隊的人走向「察言觀色」模式，結果會使團隊容易陷入以懲罰與不安為基礎、對心理安全感不利的管理方式。

看了我接下來舉的具體例子，大家應該會比較容易理解。

4-4 感覺不到的「後果」

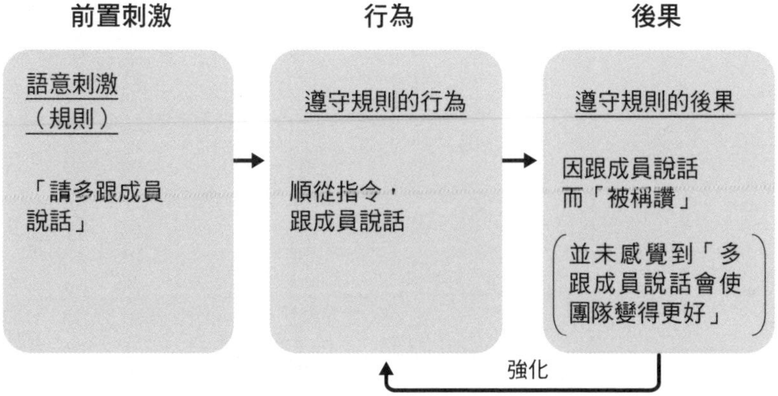
前置刺激
行為
後果
語意刺激（規則）
「請多跟成員說話」
遵守規則的行為
順從指令，跟成員說話
遵守規則的後果
因跟成員說話而「被稱讚」
並未感覺到「多跟成員說話會使團隊變得更好」
強化

假設你是團隊領導者，上司給了你「語意刺激」（規則），要你「多跟成員說話」。上司或許是為了提高「暢所欲言」要素，才對你傳達這個訊息，但你無從得知他說這句話的意圖。「順從」就是即使實際上你不覺得「多跟成員說話是件好事」，仍然可以依照上司的交代，做出跟成員說話的「行為」。

不過，你無法確實感覺到**「多跟成員說話的行為本身」**帶來提高團隊心理安全感、掌握成員狀況的「後果」。應該說，在這種情況下，**發出指令的上司對你的稱讚是比較重要的「後果」**。

有些事情需要花時間才能得到成效。處理這類事情時，「順從」很有用。例如，在營業技巧訓練課程上進行角色扮演時，光練習一、兩次，或許不會馬上感覺到自己有進步。

但是，若上司稱讚你「做得很好」，讚美練習的行為本身，那麼，你即使無法快速上手，還是會相信自己做得很好，持續練習。

不過，「順從」的行為有兩個問題。

一是「提出規則的人隨興給出的後果對行為的影響極大」。

例如，依據「知識份子受人尊敬」的規則，你也想當個受人敬重的知識份子，於是你強灌自己許多知識。此時，你做的是「順從」的行為，你沒有體會到獲得知識的樂趣，而只關心自己是否得到尊敬。但**「他人的尊敬」這種後果並不穩定，有時可以得到，有時則否。**堅持要做「順從」行為，等於將自己的人生交到他人手上。

另一個問題是，**從行為本身所得到的「後果」被忽略，使你錯失原本能夠接觸到的「後果」**。

例如，當你聽到「有素養的人當然要去美術館」這項規則，就做出「順

4-5 順從行為

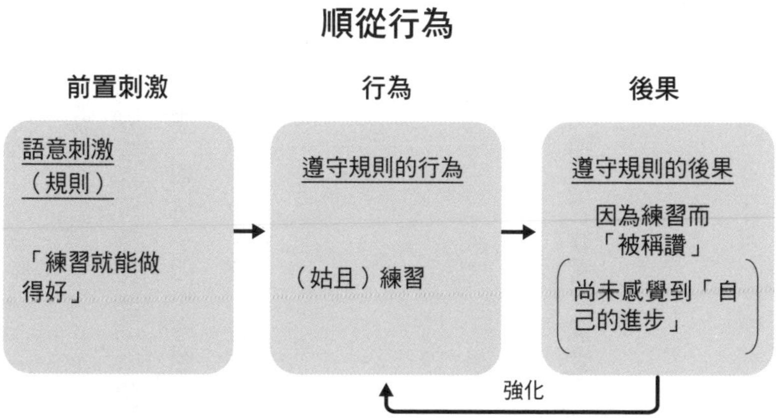

因為遵守規則就能得到「後果」，
所以即使行為本身並未產生「後果」，行為仍能持續。

從」的行為，前往美術館。但你並不是去欣賞藝術品，只是到了美術館那個地方。如此一來，「後果」就成了「你覺得自己是有素養的人」。

也就是說，你重視他人所給的語言的「後果」，忽視實際從行為得到的「後果」。這樣的話，在工作上，你可能會無視現實或顧客的負面反應，堅持「如果遵照自己在人生中創造的成功法則，就一定可以成功」，**繼續採取缺乏心理彈性、僵化且無用的行為模式。**

跟接下來要討論的行為類型比較之後，你會有更清楚的理解。

追蹤行為

「追蹤」也是遵守規則的行為，但它跟「順從」不同，因為它會實際感受到「行為本身」的「後果」。

請你想像一下，你第一次來到某個地方，邊走邊看地圖或導航。

你按照地圖的指示走，邊走邊喃喃自語：「這裡轉彎處應該有一家便利商店……

真的有耶！」你雖然是遵照地圖的規則，但你得到了走路這個行為本身的「後果」；亦即你能夠在走路的同時，懷抱著「接近目的地的真實感」。

做出「追蹤」行為的同時，能夠實際感覺到「行為本身」帶來的「後果」，因此，即使發現地圖老舊，標示的建築物沒出現，或因道路施工等狀況使地圖標示（規則）有誤，也會**尋找其他標示或繞道而行，摸索其他到達目的地的方法。**

4-6 追蹤行為

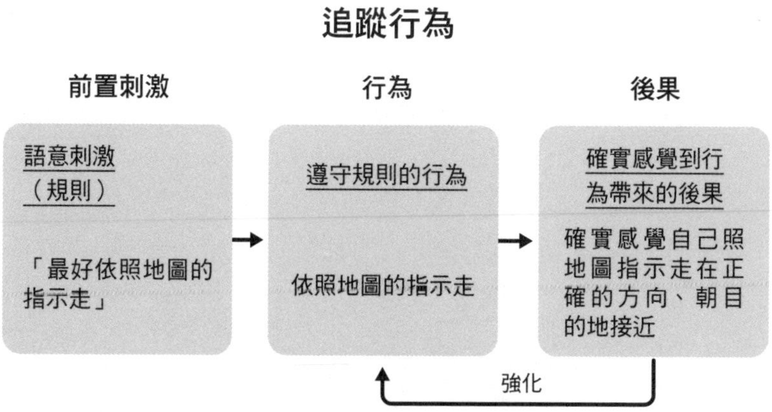
追蹤行為
前置刺激
行為
後果
語意刺激（規則）
「最好依照地圖的指示走」
遵守規則的行為
依照地圖的指示走
確實感覺到行為帶來的後果
確實感覺自己照地圖指示走在正確的方向、朝目的地接近
強化

實際感覺到遵守規則所得到的「後果」，同時持續行為。

觀察行為的「功能」

「追蹤」與「順從」這兩種行為形式「看起來相同」，但實際上有不少差異；對某個人來是「順從」，對另一個人來說可能是「追蹤」。

例如，有人要你「去洗手」，這項「語意刺激」出現後，你做出「洗手」的「行為」。你可能是「單純依照他人的指令洗手」，也可能是「邊洗手，邊實際感覺到手變乾淨的『後果』」，這就是兩者的關鍵差別。

採取「順從」行為、「單純依照他人指令洗手」的人，不會接觸及手變乾淨的後果，甚至可能進行某種「最適化」，索性把行為目的變成「看起來像在洗手」（即使手沒變乾淨）。他在意的不是洗手的行為本身，而是提**出規則的人給予的「後果」**，**亦即提出規則的人是否會稱讚他或罵他**。

做出「追蹤」行為時，能觸及、實際感覺到「後果」，所以在規則行不通時，行為者也會採取比較有心理彈性的態度：「在這個範圍內，規則或許有錯誤，修改一下看看吧！」

職場上各種「任務執行不到位」的狀況，大都是因為成員各自採取「順從」行為，未形成「追蹤」行為的原故。

例如，你管理業務員的客戶訪問數，下令「每個月要拜訪客戶六十次」（規則）。但如果大家覺得這個規則是錯的，或這麼做不會成功，就不會發生「追蹤」的行為。

這種情況下，你如果說：「如果一個月拜訪客戶六十次，就是一天大約有三次。以〇〇先生這半年的業績來說，大約三次中會有一次接到訂單，也就是每個月大約能接到二十張訂單。如果每張訂單二十萬圓，二十張就是四百萬圓。就算少一點，也能達到三百萬圓的目標。預約團隊會在同一區域約定見面時間，企畫團隊也會製作營業資料，創造能專注於銷售的環境。」就比較能夠讓大家做出「追蹤」行為。

能增加成員的「追蹤」行為的管理方式，有助於打造心理安全感高的組織團隊。

制訂規則時，**增加能讓成員「接觸、實際感覺到後果」的「追蹤」行為，減少「順從」行為，是非常重要的事。**

本書不只提出「可能有助於建立心理安全感的方法」，還從心理安全感的科學定義、

「暢所欲言、互助、挑戰、歡迎新事物」四要素，行為分析、語言行為的觀點，從原理開始清楚說明，正是為了製造「追蹤」行為。

大家不知不覺以「順從」，而非「追蹤」的方式執行規則，主要是因為規則制訂者或管理者偷懶，不說明規則。如果組織中人老是把「因為是規定……」「因為這件事已經決定了……」之類的話掛在嘴邊，「順從」的行為就會更氾濫。

不只要傳達「行為的規則」，如「這樣就可以了」、「不能這樣做」，而要告訴大家**整套「前置刺激」與「後果」，製造「追蹤」行為**。這裡所說的「前置刺激」是指可使用該規則的時機，「後果」是指做出被鼓勵的行為時會有什麼結果、進行順利的話會有哪些徵兆。

擴張行為

最後一種「規則支配的行為」是「擴張」。這類型的行為與其他兩種稍有不同，**它不是單獨存在，而是與其他兩種組合在一起發揮效果。**

一言以蔽之，**「改變後果的力量」就是擴張行為**。

例如，熱愛程式設計的工程師致力於「他所喜歡的程式設計工作（行為）」。因為是喜歡的工作，「工作本身就是樂趣」，亦即這項「後果」原本就存在。

例如，他所尊敬的上司對他說：「你做的工作對我們公司很重要。原始碼的一行有時也可以說是

4-7 **擴張行為**

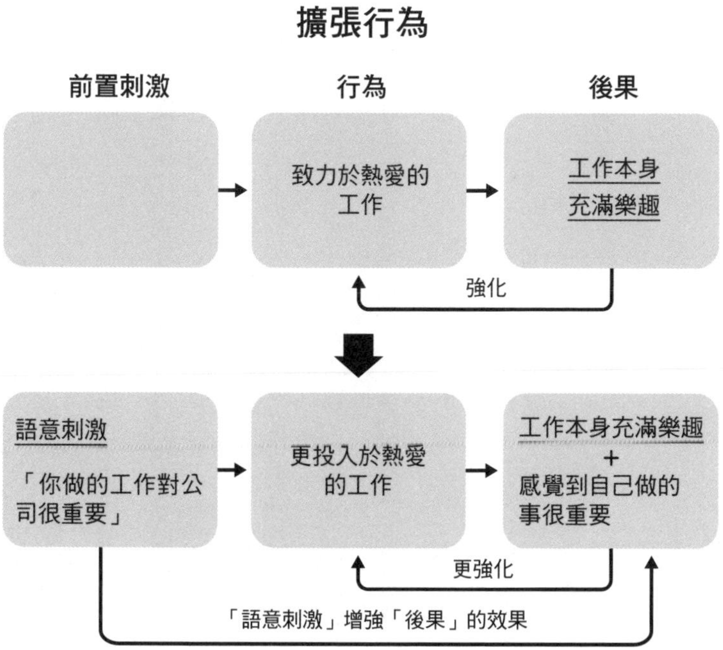

重要的經營判斷。」被這麼一說，除了工作本身的樂趣，他還感覺到自己做的事很重要，這就是「後果的力量提高」的感覺。

行為本身是他熱愛的工作，他已經從中獲得了「後果」。這個後果是正增強物，強化了行為。再加上上司說的話，**這項「後果」做為正增強物、強化行為的功能又提高了。**這個工程師應該會更投入這個工作吧！

相反的，如果上司對他說：「你的工作對公司來說只是成本，就像是做興趣的。」聽到這種刻薄的話，工程師樂在工作的心情被潑了一盆冷水，工作本身的快樂也減少了。

可以說，**「擴張」是藉由提高（或降低）後果做為正增強物（或負增強物）的力量，來增加（或減少）行為發生機率的「語言規則」**。

提高說話者的影響力

職場中制訂了各式各樣的規則，以便達到某些目的或處理問題。

如何讓人遵守規則呢？以下我介紹兩種方法。從關聯框架理論來看，這是很容易遵守的規則。

第一個方法是提高說話者的影響力。**「單純遵守規則」的「順從」行為是否會發生，端視提出規則者的影響力與信任度而定。**

影響力與信任度可能與社會權威有關，但在職場、團隊裡，**左右影響力與信任度的是過去的歷史。**如果你曾經照某人的話去做，但遭到背叛，或沒有得到感謝，他也不再追蹤後續狀況，你對那個人的信任度就會大打折扣。

上司制訂了新規則，但又忽視它，不遵守規則也不會怎麼樣。這種狀況若持續下去，從聽者的角度來看，**規則就變成「只是說說而已」，改變成員行為的影響力不久也會消失。**

「○○領導者說的話（規則）叫得動大家，△△先生說的話（規則）大家充耳不聞」，這種狀況就是這樣發生的。

每個領導者、管理者提出規則**（前置刺激）**，加上部屬、成員的行為，以及上司給予遵守規則者的後果，三者累積在一起，左右了下次「順從」行為的效果。

將「順從行為」轉換成「追蹤行為」

另一個方法就是盡量**將「順從」行為轉換為「追蹤」行為**。在行為者做出行為、得到「後果」之後，試著指出後果，有助於「追蹤」行為的轉換。

第三章提到豐田公司張富士夫促進「互助」要素的例子。張富士夫對新任經理說「請你談談你面臨的問題」，這句話是語言規則。

假設新任經理一開始戰戰兢兢，但仍說出他的問題（行為）。實際上，在行為之後，其他經理也一起幫忙處理，對他有實質的幫助，但或許新任經理此時尚無法實際感覺到這個「後果」。

會議結束後，再次問新任經理：「你上次試著談論了自己的問題，後來怎麼樣了呢？」他或許就會想到：「把問題說出來實在太好了！我得到很大的幫助。」如此，就能幫助他接觸並實際感覺到規則帶來的「後果」。

說得更明白一點，如果對新任經理說：「請你談談你面臨的問題，我們公司的其他經理會一起幫你想辦法。」把「行為」與「後果」一起說明；除了請對方遵循某項規則，

還預先提示遵守規則的「行為」之後可能會發生的「後果」，會讓人實際感覺到後果，因而更容易遵守規則。

山本五十六元帥有句名言：「帶領屬下，要做給他看，說給他聽，讓他嘗試，給予讚美，才能帶動人。」「做給他看」是以身作則，不是用語言說出規則；「說給他聽」是「順從行為」的語言規則；「給予讚美」則是除了在部屬遵守規則時要誇獎他之外，應該還包括告訴部屬「行為的後果」。

後果與規則之間的關係

規則支配行為的相關研究顯示，**後果讓人有感，也確實會出現的規則，比較容易讓人遵守；後果令人無感，出現機率又低的規則，就比較難讓人遵守。**

「令人無感的後果」，指後果必須經過累積，才會讓人感覺得到。例如，努力學習英文一小時或一天，通常不太能感覺出自己英文有進步，也就是進步程度微乎其微；但如果每天都用功念英文，總有一天英文會變好——如果某項規則的後果是這樣的程度，就必須想方設法才能讓人遵守規則。

如果要提出這種規則，就應該改變後果讓人有感的程度與出現機率，或額外準備具強化／弱化效果的增強物。以「挑戰」要素為例，如果要挑戰尚無實際成果的新事物，得到「成功的後果」的機率很低。因此，如果「成功後才會獲得認同」，應該沒有人會想遵守這項規則。

不過，如果不問結果，只鼓勵、注意「挑戰」的行為本身，稱讚嘗試新事物或新方法的行為，應該會有更多人願意放手嘗試新事物。

不需要特別用金錢或升職來當做「後果」，只要在每週會議上善意介紹挑戰新事物的人，如「○○先生這週開始了這個有趣的計畫」、「多虧○○先生的新點子，大家才有嘗試錯誤的機會」等，就會有相當的效果。

用語言建立「標竿」

明確表達「價值觀」以強化行為

在「擴張」行為的章節已經提過，**「語意刺激」對「後果」有極大影響，也會強化「行為」**。

明確用語言表達自己與組織、團隊的「價值觀」，具有鼓勵行為的力量。如果說「組織的價值觀」就是「經營理念」（使命）、「經營目標」（願景），好的經營理念與目標會經由「擴張」行為，確實做為每個人行動的後盾。

「明確表達價值觀」就是我們在第二章提到的心理彈性第二要素：朝價值觀前進，

致力於可改變的事。

用語言表達「價值觀」三步驟

首先，請你試著實際感覺一下「語言的力量」。

你每天的工作中有哪些重要的事？哪些事是你想要特別珍惜的？將這些事明確用語言表達出來是非常重要的。

現在要告訴你三個步驟，讓你能更新工作的意義、改變工作與管理態度、改變行為的質與量，走出自我風格（歡迎新事物），踏出「挑戰」的第一步。

步驟1

你的「核心業務」是什麼？亦即，你工作時總是做哪些重要的事？

・管理？　・業務？　・製作資料？　・分析資料？　・採購？
・經營企畫？　・新事業？　・市場調查？　・行銷？　・企畫？

- 採購申請？ • 會計事務？ • 內部統管？ • 監督檢查？ • 人事？
- 錄用？ • 法務？ • 製作契約書？ • 程序最適化？ • 諮詢？

步驟2

那些業務包含了什麼樣的價值觀與意義呢？

重要的不是「社會重視什麼」或是別人重視什麼，而是你自己重視什麼。

請你用肯定形寫下你重視的事（可以用第一人稱寫），如「我的價值觀是～」、「我想要珍惜的是～」，不要用否定形。

請試著廣泛、深入地想像那些被你的業務所影響的人與社會。你的業務能為他們帶來什麼正面影響呢？

步驟3

你在步驟2用語言明確表達了「你在核心業務中所重視的事」，包含「正面影響」在內，現在請試著更上一層樓。

你在步驟2用語言表達價值觀之後，是否覺得自己「想朝那個方向走」呢？

你有興奮的感覺嗎？如果有，表示進行順利。

例如，某個業務員認為自己的核心業務是「跟客戶好好談，提高公司的銷售額」。不過，在以上步驟中出現這樣的文字：「我要做的是出類拔萃的工作！我希望自己看起來像是跟客戶一起完成偉大專案的夥伴！」

用語言表達價值觀之後，回到工作領域，你用語言表達的「價值觀」就能和「業務中的每個行為」連結在一起。**「價值觀」與「行為」產生關聯時，單純的任務就變成有意義的工作**。這種「朝某個方向走」的感覺，你在職業生涯的某個階段一定體驗過吧？

這就是規則支配行為中的**「擴張行為」**的力量。

此外，你應該也會想到**跟語言化的「價值觀」相關聯的新行為吧（如果這也是你重視的事，那就試著做做看）**！這表示行為發揮的空間變大，實際「嘗試」與「價值觀」相關的「新行為」的機率會提高。

也就是說，在工作中找出對個人非常重要的「價值觀」，會擴大行為的數量與範圍，促進「挑戰」。目前為止，我一直努力將我珍視的「價值觀」變成文字。

讓團隊的每個人實行這三個步驟，不僅有助於將價值觀語言化，接下來還能進一步思考以團隊或專案為單位的「價值觀」。

用語言表達團隊與專案的「價值觀」

經營理念是貫穿整個企業或企業集團的「話語」。極少數的企業即使成長為超巨型集團，仍然擁有能影響該集團人員行為的「金玉良言」。

例如瑞可利（RECRUIT）的創辦人江副浩正的名言：「自己創造機會，再用機會改變自己。」

SONY「十八條開發條款」的第一條：

「要製造對顧客有用的東西，而非製造顧客想要的東西。」

Google的「十大原則」（Ten things we know to be true）之一：

「顧客優先，其他一切都會隨之而來。」（Focus on the user and all else will follow.）

這些都是至今仍擲地有聲的話。

不過，很少有企業經過大幅成長，仍擁有這種有力的經典名言。員工增加愈多、事業領域愈擴大，有關經營理念的話語就愈抽象。現實情況是，許多企業都用「對顧客的貢獻」這句話來概括。

SONY的「十八條開發條款」是由隨身聽的開發團隊提出，本書中，我也建議你用語言表達出「以團隊或專案為單位」的價值觀。

在「功能式團隊」，大家都做類似的工作；而在「專案團隊」（Project Team），各人有不同的角色。這兩種團隊的語言化方式不同，讓我們依次來看看。

「功能式團隊」用語言表達每個人的價值觀

功能式團隊就是像「營業團隊」、「用人團隊」、「開發團隊」、「會計團隊」之類的團隊，團隊中人被預期擁有較為類似的技能，採取類似的行動。這樣的團隊所要求的工作十分明確。因此，也可以針對該項工作，對團隊所有人提出以下三步驟中的問題。

一定要讓每個人將這三題的答案寫下來，分享給整個團隊，再一起討論。因為如果一開始就進入討論，大家最後都會同意第一個發言、職位高或經驗豐富的人的意見。

步驟1

請想像一下，有個不太了解你的業務的學生提出疑問：

「為了取得優異的工作成果，你會採取哪些特別重要的行動？」

如果是營業團隊，或許就是「以客為尊」；如果是用人團隊，或許就是「引導出應徵者的優點」；如果是會計團隊，或許就是「計算出正確無誤的數字」。

步驟2

採取該行動有什麼意義？

從這個意義來看，在這個時代，「做什麼事」是重要的？

答案可能是「聆聽顧客的問題」、「讓候選者成為我們公司的粉絲」、「向經營者提出有憑據的警示」等。

步驟3

外行人乍看之下往往誤以為很重要，但實際上「不重要，也沒必要做」的是什麼事？

答案可能是「訪問次數、無益於提高企業客戶之企業價值的逢迎行為」、「齊頭式平等」、「不問重要與否，所有細節全部報告」等等。

把這些事集中寫在白板之類的地方，依據步驟3與步驟2的答案，試著表達出這個團隊的獨特之處，如「這個團隊重視步驟2，不重視步驟3」等等。

如果職能上的經驗不足，無法用語言表達步驟2與步驟3，透過這個過程，應該就能夠吸收、運用老手的思考方式了。

「專案團隊」由上而下的中心思想

和功能式團隊不同，專案團隊中的每個人被預期扮演不同的角色。

所謂社長直轄的業務改善專案，即使不是「專案」，跨部門的跨功能團隊（Cross Functional Team），甚至與組織外部合作的團隊應該也會加入。和功能式團隊不同，專案團隊沒有「業務內容、技能、職能」的橫向連結，而由「語言化的價值觀」，即「中心思想」來總括一切。

我建議「由上而下」來思考「中心思想」。如果你是設立專案的人，你就必須自己思考中心思想，並抱持信心，帶著你心中點燃的火焰，去向團隊成員或組織推銷你的專案，說服每個人。

思考中心思想時，請考慮以下三個問題。

- 你、你的團隊或這個專案要改變什麼？
- 改變是為了誰？會創造出什麼樣的好結果？
- 這個專案有什麼「厲害」之處？能夠簡單表達嗎？

以「追蹤行為」為例，所謂「中心思想」就是會打動人的重要價值；因為有「中心思想」，即使某件事存在風險，大家也會相信那是應該做的事，勇往直前。

什麼是好的語意刺激？

好的語意刺激有以下三個特徵：

- 能提高「後果」的影響力，亦即增加「行為」次數
- 能擴大「行為」的範圍，亦即能產生眾多新點子
- 能成為迷失時的北極星（判斷標準）

重點在於，你在團隊中說的話是否能增加行為次數、擴大行為的範圍？最重要的是，要選擇適當的語意刺激，這個語意刺激要能夠表達出左右團隊「文化」的「判斷標準」。

這些用語言表達的「價值觀」必須適時修正，因為時代一直在變。修正價值觀的機會也正是納入各種觀點、「歡迎新事物」的機會，也是團隊因應時代而改變、繼續學習的機會。

第5章

導入心理安全感的點子

實例分享

What and How to do for Psychological Safety

在「行為與技巧」層次建立心理安全感

「你」必須帶頭改變行為

本章是你實際將心理安全感帶進組織、團隊的指南。

第一章提到了改變的三階段：行為與技巧、關係與文化、結構與環境。「結構與環境」通常並非一朝一夕可改變，大都被視為前提條件。所以，從「行為與技巧」、「關係與文化」層次下手，是比較合適、有效的做法。本章會提出改變的點子。你可以從點子的標題看出它對心理安全感四要素中的那個要素有效。

你就是為團隊帶來心理安全感、擁有心理彈性的領導者。

如果你的團隊現在心理安全感不足，我建議你率先改變行為。需要注意的是，本章只是匯集各種建立心理安全感的點子。請將這些點子運用在第四章提到的「追蹤行為」，而非「順從行為」上。

也就是說，比起這裡所寫的東西，更應該重視的是現實，亦即「團隊成員的反應」我們先從如何在「行為與技巧」層次建立心理安全感開始討論吧！

從表達感謝開始

這裡所說的「表達感謝」，並不是以唯心論的立場強調對感受的重視。本書從頭到尾重視的都是「行為」，因為在第二章討論過，我們很難影響「內心感覺」。先把焦點放在「感謝」，是有理由的。

員工投入度業界有一種服務稱為「Unipos」，它可以讓員工互相表達感謝，並看見彼此的貢獻。

我和 Unipos 社長齊藤知明一起出席某個心理安全感的活動時，進行了一項問卷調查。這個活動的參加者以大企業為主，超過百分之六十是部、課長級以上的管理職。

問卷中有一題是：「下列哪一項是你幾經考慮後說不出口的話？」這題的結果如下圖所示。從結果看來，受訪者覺得說「感謝」的話時，「說出口的難度」最低、說話時的抗拒感也最少。

人力資源分析師大成弘子的調查顯示，「在投入度高的團隊，領導者會找理由表達感謝。」

在此，我列出「找理由表達感謝」的三個步驟。一般認為，這是最容易表達，且能

5-1 感謝是容易表達的話語

「下列哪一項是你幾經考慮後說不出口的話？」

批評、建議
58%
商量、委託
22%
點子、改善方案
18%
感謝
2%

有效提升員工投入度的方法。

表達感謝三步驟 說助挑新

步驟1

回想「什麼時候，在什麼狀況下，誰（個人或團隊）為你做了什麼」？

步驟2

回顧、深入思考那件事對我（而非別人）來說，有什麼值得感謝之處？

想一想如何用 I Message 的方式表達感謝——亦即以「我」為主詞，向對方說「我因為你而省了不少麻煩」，而不是告訴對方「你很棒」。深入思考自己如何得到幫助，就是「找理由」。

步驟3 實際表達（聊天室、電子郵件、視訊會議、面對面等等）。

從行為分析的角度來說，感謝也是簡單有力的「後果」。被指出錯誤的時候，不要反駁，先向對方說句「謝謝」，甚至會讓大家更踴躍發言與提出意見。

也許會有人認為「硬要表達感謝似乎不太對」，或「心中無論如何都沒有感謝之意」，亦即在這三個步驟中的第一步就卡住。我認為，深入思考「感謝」這件事有助於提高心理彈性的第三要素（有意識的分辨），建議你可以再仔細想一想。

從「理所當然」到「值得感激」

首先，**我們已經知道內心的感覺是不能控制的**，我們無法硬要自己去「感謝某人」，或「有危機意識」等等。所以，我還是**建議大家把感謝當做「行為」的結果來思考**。

「謝謝」的日文是「有り難う」（譯注：很難擁有），即非常稀少之意；它的反義詞是「理所當然」，如果你不把某件事看做「理所當然」，而視之為「非常稀有」，你自然會湧出感謝之情（後果）。

「思考某件東西來到自己身邊之前的狀況」，是讓你心懷感謝的方法之一。

例如，應該很少人能感謝眼前的寶特瓶吧！請試著想一想，這個寶特瓶是經過多少人的手，才會到達你身邊。

在便利商店，有人在收銀台結帳，前一天晚上也有人幫忙陳列商品，然後那個寶特瓶就來到你身邊了。在這之前，還有幫忙搬運到便利商店的人，在工廠製造、裝箱、把箱子放上卡車的人，規劃、製造、搬運、設置工廠製造設備的人，為飲料做企畫、簡報、讓它通過公司書面請示制度的人，以及開發商品、把它送到製造現場的人……

感謝的心情無法直接控制，但回想在產品、服務、工作階段每個人的手、作業及工程，是你自己就能做的有意圖**「行為」**。

無論任何團隊，在廣泛、深入的思考對方的工作與背景之後，第一步就表達「感謝」，應該是萬無一失的。請務必先把害羞放在一旁，試著從表達感謝開始。

對成員積極表示關心

說助

如果你持續「找理由表達感謝」，你就會發現，**為了尋找感謝的理由，實際上你必須仔細觀察成員，平時就要關心成員。**

從這個意義來說，持續「找理由表達感謝」並不是「意圖藉由感謝，使部屬照自己的意思去做」的心理技巧，雖然看起來很像。**實際上，這麼做會產生一種效果，就是讓你成為仔細觀察成員的好領導者。**

對成員積極表達你的觀察與關心，有提高心理安全感的效果。

實際上，在前述的 Unipos 公司與敝公司 ZENTech 合作的研究中，可以從數字看出感謝的效果。在 Unipos 公司，不只看得到成員間彼此道謝，成員還會在道謝時為對方鼓掌。

與表達感謝不同，鼓掌就像「按讚」一樣，也可說是「積極表達關心」。從相關的測量可看出，導入 Unipos 服務之後，「管理者經常為同部門成員鼓掌」的企業在經過一定期間（二～四個月），「暢所欲言」與「互助」要素的分數都顯著提高。

重要的不是監視與細部管理，而是「觀察與關心」。有些事是要仔細觀察才能注意到的，例如「某個成員在會議上說的一句話使談判流程改變」、「某個成員把有點麻煩的要求處理得很好」，把你的觀察傳達給那位成員，應該會有很好的效果。

從簡短對話開始進行

說 助 挑 新

第三章提過的日立製作所研究員矢野和男認為，心理安全感高的團隊「經常進行五～十分鐘左右的簡短對話」、「每週一次的會議不能代替每天五分鐘的對話」。

單純想聽人說話或找人說話時，輕鬆攀談是簡單有效的方法。也可以像前面所提到的，「從感謝開始」，經常表達小小的謝意。遠距工作時，可以在聊天室問候對方，或傳訊息給對方，問「你今天怎麼樣」，或告訴對方「你幫我製作的資料得到客戶的讚賞，謝謝你」，這種輕鬆的溝通方式也很有效。

三階段審查會議 助

組織中經常會有「必須讓成品達到完美」、「為了不被指出錯誤，必須完成後再交出去」的想法，這類想法會使花在「事後討論」的時間變多，也無法充分反映反饋的意見，會產生許多問題。

如果成員有這種想法，即使你對他說「有問題可以隨時找我商量」，通常他也不會來。針對這個問題，卡樂比（Calbee）的常務執行董事武田雅子給予「前置刺激」的方法可提供參考。在交辦工作給成員時，對他們說：「不需要等咖哩做好，在處理好胡蘿蔔或馬鈴薯的階段就可以給我。」

如果成員在「處理好胡蘿蔔或馬鈴薯的階段」就拿來給你看，你可以評論他的做法是否符合大方向。此時，如果你指出他的小錯誤，如「錯漏字」之類，就是給予「錯誤的後果」，違反先前「只需處理好胡蘿蔔或馬鈴薯就可以」的約定。如此一來，你會失去成員的信任。所以，請務必只重點式的檢查「是否符合大方向」。

以上所說的是一對一的狀況。如果是針對團隊，也可以有系統地降的門檻，檢查大方向。

方法就是「三階段審查會議」。這個點子來自心理安全感認證講座學員的實際行動，可以每週舉行一次或安排適當時間召開。因為會議名稱是「三階段審查會議」，參加者可以自由、毫無拘束的對草案提出意見。如果能用這樣的方式來鼓勵成員的行為，最後的結果就是「後果」。

「三階段審查會議」以「正增強物」為基礎回應成員的行為；首先告訴大家，你很高興並表達了感謝，再告訴大家你希望大家能繼續推動哪些事、哪方面能進一步思考、哪些地方能有所改變，然後銜接到第二、第三次的「大方向審查」。

坦率求助，提高「大雄之力」 說 助 挑

一旦被任命為領導者，如店長、課長、部長之類，你可能會認定自己必須無所不知、無所不能。如果你穿上「我必須無所不能」的盔甲，組織、團隊的心理安全感就會下降；因為維護沒有彈性的「做為故事的我」（請參考第二章的「掌握心理彈性 3-2」），

將成為你對應周遭與成員的前提。

雖然也可以使用第二章提到的ACT矩陣來提高心理彈性，不過我還是想介紹在關係中可以直接運用的方法。

●接受幫助

你只能做你能做的。扮演好自己的角色、盡自己的責任、發揮強項，把不擅長的事交給別人，團隊才能取得最好的成果。

不要背負太多責任。讓別人教你、幫助你、跟成員商量問題，這樣會使團隊更能暢所欲言，也能促進學習。

人在被依靠時，通常會引以為樂。丟掉「什麼都自己來」這種沒用的想法，建立一個「成員能夠幫助領導者」的團隊吧！

●自我揭露

把過去的失敗坦率說出來，稱為「自我揭露」。不只談論失敗，還要放在「從失敗中記取教訓才能成功」的脈絡中談論。藉由這樣的自我揭露，你就能卸下不必要的盔甲，向成員傳達從失敗中學習的好處，促進「挑戰」。

●心態比對方更開放

當你面前有一個心中穿著盔甲、為保護自己的立場或自尊而行動的人，不知不覺中，你也會覺得必須穿上盔甲保護自己。此時，我們會想「比對方多穿一件盔甲」。

這是人類的自然反應，我不會要大家在這種時候把盔甲全部脫掉。不過，此時應該「穿一件比對方薄的盔甲」，也就是說，心態要比對方更開放一點。另外，也可以想一想「這個人為什麼穿著盔甲」，思考對方穿盔甲的「前置刺激」與過去的「後果」。

像這樣坦率求助、暴露出自己無能的一面的能力，我稱為「大雄之力」。大雄就是《哆啦A夢》中的大雄。在正確的時候，聰明的依靠適當的人，其實是領導人、管理者應該磨練的能力。

「一對一」談話的格式 說助

即上司與部屬一對一個別談話。

一對一談話的訣竅，許多書籍都討論過。本章中，我想提出一對一談話的格式：

1 有什麼好消息？

2 有什麼壞消息？

3 現在有什麼不安或不滿嗎？

部屬說出壞消息與不安、不滿時，上司的對應非常重要。

部屬報告壞消息或分享不安與不滿時，上司如果加以斥責或逼問，部屬就不會再報告壞消息了（因為「負增強物」成為「後果」）。

不過，如果部屬報告的事情很棘手，上司無法立刻解決，該如何處理呢？我認為，**上司應該站在與部屬相同的立場**；進一步說，就是**「一起傷腦筋」**。不是責備、詰問或逃避，而是一起煩惱：「這件事很麻煩，該怎麼辦呢？一起去道歉吧？」

站在成員立場打造心理彈性領導者 說助

在演講會、進修課程上常聽到有關如何改變更高職位者的問題，例如「我現在站在成員的立場，該如何推動改變？」「雖然我現在是部長，但若不改變董事，組織也不會改變。」等等。

比起上司推動成員或成員間彼此推動，**部屬推動上司或成員推動領導者的難度確實比較高**。沒有什麼特效藥或秘訣可以解決這種問題。不過，你可以試著謹慎使用第三章提到的行為分析，或許會有幫助。

●試著謹慎使用「行為分析」

步驟1 問題行為的具體化與釐清

你覺得上司的什麼「行為」有問題？確定目標問題行為。

步驟2 將理想行為明確化

你希望將上司的問題行為改變成什麼樣的「行為」？將此具體的「理想行為」明確化。

步驟3 分析前置刺激與後果

什麼樣的「前置刺激」與「後果」維持、強化了上司的問題行為？你的哪些行為成為該行為的「前置刺激與後果」？

步驟4 探討對應方式

強化上司問題行為的後果，能不能改成在「上司做出理想行為後立即發生」？或者，能不能讓目前為止維持「上司問題行為」的「後果」消失？

我舉一個具體例子。在我們舉辦的講座上，有位學員敘述他自己的經驗：

開會時，上司鼓勵我發表意見，平時他很少這麼做。散會後我去找上司，對他說：

「○○先生，剛才你推舉我發表意見，我真的比較容易說出口了，謝謝你！」繼續維持表達感謝的習慣。於是，上司「鼓勵大家發表意見」的行為慢慢增加了，開會時大家都能暢所欲言。可以說，這是用「找理由表達感謝」當做「理想行為」的「後果」的例子。

●率直表達心理安全感的重要性

首先，試著直接告訴上司心理安全感的重要性。這個方法能適當傳遞本書的知識與各種有關心理安全感的網路報導。

尤其在金融領域，前金融廳廳長遠藤提出，可藉由確保心理安全感來促進自由討論，這樣的輸入（Input）可能也有助於心理安全感的傳播（實際上，我的客戶中也有集團社長接受遠藤長官的方針，在新年演說加入心理安全感的內容，顯示心理安全感的觀念已逐漸傳播到各現場）。

特別是經營幹部等位居高層的人，在累積這類輸入資訊之前，經營者之間已存在橫向連結，所以在聽到「心理安全感似乎很重要」的訊息時，可能一下子就能明白（正因如此，我們有時會忘了以前視狀況輸入的辛苦，變身成為「積極推進派」）。

從下頁開始，我們將從「行為與技巧」層次進入難度更高一級的「關係與文化」層次。

在「關係與文化」層次建立心理安全感

藉由「宣告」與「整備環境」提倡心理安全感

說 助 挑 新

試圖由正面將心理安全感導入團隊時，「宣告」與「整備環境」能將全體成員的意識轉向心理安全感的建立。

●在朝會或會議上發布「心理安全感宣言」

卡樂比的常務執行董事武田雅子在朝會或會議上發布「心理安全感宣言」，每次會議開始時，都會宣告：「這裡是安全的地方，任何意見或點子都可以提出來。報告失敗或糾紛的消息也不會被罵，我們會積極討論該怎麼做。我保證這個地方的安全。」

她持續在會議開頭發表此宣言。一段時間後，如果在開會時，有人的發言破壞了心理安全感，參加的成員就會吐槽：「這裡是心理安全的地方……」武田雅子沒出席的會議上，會議主持人也會說：「這個會場是心理安全的地方，很榮幸可以主持。」這段宣言已經慢慢深入組織團隊了。

口頭宣告之外，也可以在議程上列出心理安全感四要素。

●整備環境

同時整備環境，在會議室張貼「心理安全感四要素」的海報，也有團隊會在會議進行中回到海報前，進行有心理安全感的討論。

要更具體的說明心理安全感四要素，讓它更簡明易懂。例如，可以貼上寫著「放心提意見」（暢所欲言）、「放心提問」（互助）、「放心承認失敗與錯誤」（挑戰）和「放心做自己」（歡迎新事物）的海報。

在工作日誌中加入「今日狀態」 說 助

如果組織、團隊中有些例行程序，如工作日誌、業務報告書等，是多數成員必須經常看或執行的，那麼，好好設計這些例行程序的格式，就能讓「暢所欲言」與「互助」要素加速深入組織團隊中。

心理安全感認證講座的結業生有個實際例子。他用 Excel 製作工作日誌格式，在其中加入「今日狀態」這個項目。

因為是選單形式，可以在其中選擇一項。如下圖所示，還有表情符號。當然，工作日誌沒必要使用表情符號，但重點是，**表情符號可以讓有提醒意味的「前置刺激」輕鬆一點**，因為它包含在平時記錄的工作日誌中（沒必要特意表達提醒之意），也**沒那麼嚴肅**，**可以輕鬆選擇**。

5-2 今日狀態

請選擇今日狀態 ▼
(｀・ω・´) 拼命努力
(ﾟ▽ﾟ) 興奮期待
(´・ω・｀) 沮喪
＼(^o^)／沒輒

重要的是，要把已經提出的格式納入例行程序，並另外設置專用通道（Channel）來表達提醒之意，告訴大家「請隨時在這個通道發出提醒」。如此，行為的門檻將大為不同。

創立新專案　挑

無論是你自行提案，或是被分配到某個專案，又或者是**開始一個新專案，都是創造新的關係與文化的機會**。

無論是成立新事業、為公司導入新系統、導入新研究或調查、組織發展、重新檢視規定、員工旅遊企畫，皆可稱為「專案」。

我想強調的是，無論是不是大型專案，**在進行初期都必須「把價值觀明確化」（請參考第二章：掌握心理彈性 2-1）**，否則專案會淪為「瑣碎的作業」。

在麥肯錫公司（McKinsey & Company）與同事共同開發麥肯錫 7S 模型（Mckinsey 7S Model）的湯姆，彼得斯（Tom Peters）說，「專案就是有開始有結束，徹底履行與客戶的承諾」、「創造出厲害的、美麗的、革命性的、衝擊性的、不斷出現瘋狂粉絲的」（Wow, Beautiful, Revolutionary, Impact, Raving Fans）專案吧！

我想說的只有以下兩點：

1 不試的話，就不知道能不能做到。

2 如果不想嘗試厲害的事，就做不了任何厲害的事。

「厲害的」專案是重視價值觀、有意義的專案，有利於提高「暢所欲言」的程度，使大家能從各種觀點進行討論以實現價值觀，也有利於進行「挑戰」。

儘可能與成員共同思考以下兩個問題，可以幫助你思考如何把專案當做價值觀明確化的指針。

- 這個專案會為誰帶來什麼？
- 其中有什麼意義或中心思想？

如果是上司交代的專案，尤其是「導入新系統」、「導入培訓計畫」之類乍看之下要求的任務很明確的專案，再問一次「這個專案會為誰帶來什麼」非常重要。所以，要儘可能實際問問你的服務對象或客戶是「誰」。

把目標放在「導入新系統」的專案，以及把目標放在「透過系統支援組織的業務員，在需要的時候迅速提供業務員想要的資訊」的專案，兩者的意義應該不會一樣。

同樣的，把目標放在「進行培訓計畫」的專案，以及把目標放在「為了建立能讓成員發揮能力的環境，首先應實施培訓，讓組織中更多人知道心理安全感這個關鍵字」的專案，兩者的意義應該也不同。

理解成員的不同面向 說新

我曾聽日本著名廚藝教室「ABC Cooking Studio Worldwide」的董事千先拓志說，在新加坡，外資企業流行在「ABC Cooking Studio」舉辦進修課程。職場團隊開設廚藝進修課程，似乎可以讓固定的職位、層級鬆綁，用新的觀點來看待團隊。

大家會看到，被認為「要成為幹練的職場工作者，還需要很長一段時間」的菜鳥，在廚藝方面可以當領導者，做菜時表現出在工作角色上看不到的「驚人的俐落」。這有助於大家進一步理解成員的不同面向，從固定的「做為故事的他者」（概念）中解放。

關鍵就是要帶入與日常工作不同的脈絡。除了烹飪以外，也可以試試「在跟平時不一樣的地方開設工作坊」、「大家看同一部電影，分享心得」、「對話型藝術鑑賞」等。

說 團隊版行為分析工作坊

有一個有效方法可以減少不理想行為，增加理想行為，就是團隊成員一起思考：「在自己的組織，實際上有什麼事阻礙了心理安全感四要素？什麼事促進了心理安全感四要素？」接下來，我會用行為分析架構來介紹「妨礙與促進心理安全感的事物」的視覺化工作坊。

如下頁圖所示，把前置刺激↓行為↓後果架構寫在白板上，上半部是強化、促進四要素的前置刺激與後果；下半部是減少、弱化四要素的前置刺激與後果。

先簡單向成員表達你的目標是建立團隊心理安全感，並說明「行為會被前置刺激與後果控制」的概念。然後，包含成員在內，大家分別把「什麼時候很難開口發表意見」與「上司做什麼能讓我容易開口發表意見」的實際想法寫在便條紙上，然後貼在白板上。

重點是所有人一起蒐集有關「促進／減少團隊行為」的意見，而**這些意見是這個團隊獨有的**。領導者不會為了指責任何人，而說出「這樣就不開心的話，就太任性了」之類的話。「將每個人實際感覺到的容易／不容易開口發言的**真實瞬間視覺化**」是非常重要的。

5-3 團隊版行為分析工作坊

大家進行對話，討論會議上什麼時候容易發言與很難發言

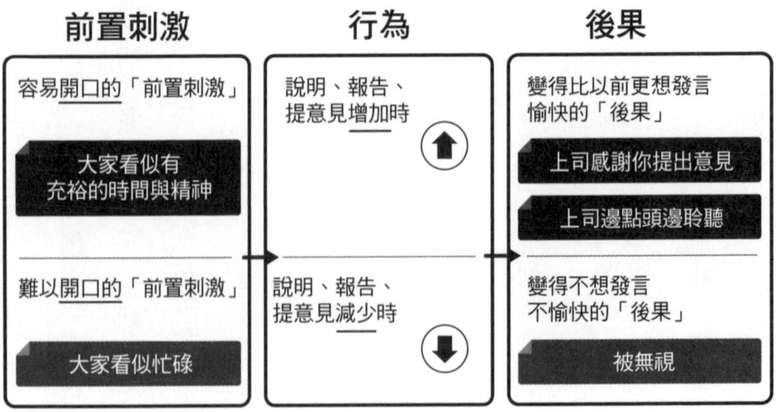

有關如何增加上半部的「前置刺激與後果」與如何減少下半部的「前置刺激與後果」，如果你想到點子，請試著與團隊討論。

在工作坊結束時，領導者鼓勵大家一起增加上半部、減少下半部，並強調「首先我必須注意自己的行為。如果我做了什麼下半部的事，請大家指正」，也很有效果。

找出有價值的行為 挑新

接下來，我要告訴大家如何找出第三章介紹的「有價值行為」，首先請注意以下三點：

①有價值行為是行為分析的「行為」

「被動」、「否定」及「結果」都不是行為，請不要選擇做為有價值行為。

此外，玩喜歡的遊戲、聽音樂、吃美食，都是要求「後果」的行為，基本上，請將這類行為排除在外（遊戲類型可能與有價值行為有關）。

②做選擇，不做判斷

區分「判斷」與「選擇」這兩種思考方式是非常重要的。

判斷是基於某種標準，比較各個選項，選出最好、最適合的，也可以找理由或將自己的選擇正當化，例如「經營判斷」。另一方面，選擇就「只是選擇」，不需要理由或正當化，「為喜歡而喜歡」就可以了。**面對人生的重要大事，有時「做判斷」不如「做選擇」。**

例如，如果你「判斷人生伴侶」，那麼，當有更好的選項出現，你就要換一個伴侶。但依照常理，應該不會這樣吧！所以，**對於「有價值行為」，你只能選擇。**

③你已經活在有價值的行為中

你不需要絞盡腦汁思考「有價值行為」該「怎麼做」。重要的是，對現在的你而言，實際上「做什麼樣的事，會讓你感覺到行為本身的『後果』」？

在非強迫的情況下自然做出的行為，很有可能是有價值行為。因為，你已經選擇了「為喜歡而喜歡」的行為。

●找出有價值行為的五個問題

接下來，請你回顧每天的行為與選擇，我會提出能幫助你找到「有價值行為」的問題。請每題花十秒左右**做出選擇（而非判斷）**，也可以回答「無」。

Q1 哪種物品你想用比較高級的，不想用普通的？其中擁有最多的是什麼？

例如，多數人用一百圓的筆或兩千圓的四色原子筆，要做筆記的話，這樣就夠了。但你有好幾支很貴的鋼筆，就請回答「鋼筆」。

Q2 哪種類型的工作你會自告奮勇去做？

例如「想完美的完成」或「想負起責任完成」的工作。若你看到這類工作做得不徹底，甚至會有點焦慮。

Q3 跟同行或周圍的人相比，你覺得哪種工作的工作量很大？

例如你「每週持續製作幾百張幻燈片」，這項工作處理的量與其他工作明顯不同。

Q4 有沒有哪種任務是你在不知不覺中答應接受的？這個過程中你採取了何種行為？

例如明明沒有人拜託你。你卻舉手自薦，或工作轉來轉去又轉到你手上。在這樣的過程中，你做了什麼？

Q5 如果你已擁有金錢與地位，你還想繼續做哪種「沒有後果」的事？

看過問題後，「選擇」一個動詞或動名詞（-ing），也可以參考以下的動詞表。

我的有價值行為是＿＿＿＿＿＿＿＿＿＿。

（參考）做簡報、質問、說服、烹飪、游泳、跑步、投擲、打擊、開車、戰鬥、企劃、比賽、安排進度、選擇、準備、練習、唱歌、投擲（重複）、擊中、預想、製造模型、說明、攝影、書寫、聽人說話、提供諮詢、指導、請教、調查、分析、畫畫、喝酒、玩遊戲、立案、創造概念、命名、設計、組織、檢查、鑑賞、磨練、記錄、想像、安排、醫治、調整、下指令、培育、摘要、整理、介紹、引導、引路、開始、破壞、隱藏、贈送、擴展、射擊、打賭、旅行、登山、翻譯、用語言表達、驗證、修改、確認

重要的是，即使一時反應不過來，也要勉強自己回答一個動詞。回答後，試著實際做出該行為，就能驗證在沒有後果的情況下，你是否仍想持續該行為。

另外，驗證「對象的範圍」也很重要。例如，「生活」、「體驗」、「學習」之類動詞的意義太廣泛；我們的整個人生都在生活、都在體驗，「學習」也不是真的什麼都學，而應該有某方面的偏好。

請以此偏好為出發點，將有價值行為稍微具體化，並進行比較詳細的分類。

●找出成員的有價值行為

找出成員的有價值行為時，請試著在有心理安全感的環境下（即沒有懲罰與不安、不用負增強物控制行為的狀態），交辦幾個工作。能自然完成的工作視為接近有價值行為，習慣性拖延的工作視為遠離有價值行為。

在決定團隊中的任務時，關鍵字是「沒有正確答案的時代」。最好能把「進一步驗證是否適合這個時代，然後試著交付工作」、「如果不適合，就用簡單的方式取消任務」當做理所當然的事。

培養心理安全感的制度

說 助 挑 新

最後要討論制度的推動。或許在本書讀者中，很少人有職權推動組織的制度或規則，但我還是想介紹有效的方針。原則如下：

1 依據第三章行為分析的觀點，停止「不做就懲罰」的制度，改為「做了就讚美」的制度。

2 與其禁止不理想的行為，不如從制度設計下手，讓大家想持續理想行為。

3 重要的是，結合第四章的「追蹤行為」與「擴張行為」，向大家傳達規則與制度的意義和意圖，讓大家覺得遵守規則是有意義的事。

本章在此劃下句點，也請你用自己的方法去實行。如果有愈來愈多人分享這類點子，有心理安全感的職場或團隊就會不斷增加。

個案研究

成為學習型團隊

這是我舉辦的「心理安全感認證管理講座」的結業生的實例，在不影響核心內容的範圍內，我稍微修改了業務內容與服務名稱等細節。這位結業生在上過心理安全感課程三個月後改革團隊，也確實提高了服務水準，所以我想介紹這個案例給大家。

這是鈴木聰子小姐（以下簡稱S小姐）的實例。她在大企業分公司客服中心擔任協理。在團隊中，她的手下有四名經理。其中一名經理負責統籌「Change It」服務，其下有十五名員工（三名管理階層的主任、四名事務人員、八名接線生）。「Change It」團隊受託於大型企業客戶的營運服務，負責支援中心的功能。

一般消費者在購買電視、冰箱、吸塵器等家電時可申請這項服務，每月存一些錢，在家電故障時使用。當然，這項服務也訂了各種規章，例如故意損壞不屬於維修範圍等。但消費者會認為「我每個月都付錢，當然必須修理或更換新品」，或抱怨「為什麼你們不讓我維修」等。可以想見，這個團隊的多數電話服務是從負數開始。

S小姐是在這項事業成立三年後到任，幾個月後接觸到「心理安全感」。

導入「心理安全感」前的課題

S小姐聽了成員的敘述後，發現以下問題：

- 接線生、事務人員無法「暢所欲言」與「互助」。
- 由於三位主任個性不同，對企業客戶的協商與報告水準的回應不一。
- 團隊與管理階層經常加班，業務分配不均。

因為這些狀況，S小姐從「主任與全體職員」、「S小姐與主任」、「三名主任」

三方面開始進行心理安全感的管理與改革。

從團隊環境開始整頓

首先，S小姐為了向大家宣告心理安全感，在大面積的地板上張貼心理安全感海報（請參考第五章第268頁「整備環境」），內容包括：

- ●放心提意見（暢所欲言）
- ●放心提問（互助）
- ●放心承認失敗與錯誤（挑戰）
- ●放心做自己（歡迎新事物）

除了張貼海報，每天朝會時都會重複這段話：「我們的團隊很重視心理安全感。讓我們採納好的意見，爽快稱讚提意見的人，確實認同彼此吧！所以，即使我們犯錯或開口求助，都沒有關係。」

慢慢的，「放心」成為團隊的共通語言。為了進一步促進團隊學習，打造能放心提意見的環境，S小姐修改了報告格式。

提高管理階層的心理彈性

原本的格式是：「免責事項告訴客人了嗎？」只問事情辦了沒，S小姐把它改成：「免責事項告訴客人後，客人回應了嗎？」如此一來，接線生接觸到**「顧客反應」（行為分析中的後果）的機率上升**，有助於接線生改善行為，向「追蹤」行為前進。

另外，還分別設置「顧客說的話」、「你認為能進一步對顧客說的話」兩個欄位。這麼做可以「區分事實與意見」，報告格式中也有了**「能放心自由提出意見」的空間**。

不過，光是改變格式，員工的行為還是不會改變。所以，有必要讓員工感覺到，S小姐是真心希望大家能自由發表意見。「真心」是內心的感覺，其實可以用「行為」來表現。

因此，改變主任的評論與反饋行為是非常重要的。為了表示確實理解接線生的意見，S小姐請主任務必回覆接線生的報告。此外，她也決定改變主任「總在不知不覺中持否定態度」的行為模式。

無論部屬的意見是否合理，主任總是回覆「以現在的規定很難做到」。**S小姐希望能培養主任的心理彈性，讓主任能夠思考如何用部屬的意見來幫助業務。**因此，她想導入新的行為模式，讓主任能思考接線生的想法與背景。

S小姐是個有心理彈性的領導者，她不只對主任發出以上指令，而是從改變和主任的關係開始——她**加強自己和主任間關係的心理彈性。**

身為協理的**S小姐也對主任保證團隊的心理安全感，並自我揭露：「我承認，我自己也會犯錯。」**

「我有時也會不知不覺依照自己的經驗法則往前衝，把成員拋在腦後。我相信，這個時候能夠阻止我的，就是各位主任了。」

「比如說，如果我用不由分說的態度，對你們說要重視心理安全感，但當時你們正在忙，請直接告訴我。每個人的感覺不同是理所當然的，我想知道你們的感覺。」

主任們有了意見不被否定而被接受的經驗，也能拋下否定態度，轉而接受接線生的意見了。因此，站在應對顧客第一線的接線生的意見也漸漸能被採用。

S小姐與主任之間的心理安全感承諾，也傳到了主任與職員之間。

從「順從行為」轉變為「追蹤行為」

除了在公司裡能自由發表意見，改善電話應對也很重要。

接線生的「規則支配行為」不知不覺間變成「順從行為」，只重視「是否依照手冊應對」，疏忽客人的立場與情緒。S小姐希望能將接線生的「順從行為」轉變為「追蹤行為」，使他們用心體會客人的聲調、語氣及發言內容，同時靈活應對。

為了改變「服務提供者」的心態，讓接線生以顧客的角度看事情，S小姐決定讓他們想像一下，當家電一直處於故障狀態，客人（消費者）會有多困擾？電鍋或冰箱壞掉一個禮拜是什麼感覺？

這麼做的「干預價值」（Intervention value，譯注：原本能由當事者直接做的事，經由第三者介入，帶來某些正面價值。）就是，讓接線生能「正確理解顧客（消費者）的狀況，了解他們的不安，提出他們能接受的方案」，以及「像傳教士般對企業客戶傳達產品的魅力，對客戶的聲音做出反饋」，並進一步**確認團隊的「價值觀」**。

實行以上措施之後，電話應對的品質改善了。實行的第一個月，客服中心沒收到任何有關電話應對的客訴，實施半年後，仍然維持這樣的好成績。

管理階層間的團隊合作

S小姐還要在管理階層中的業務A主任、通訊B主任、專家C主任這三位個性迥異的主任間建立心理安全感。

C主任是個專家，頭腦聰明，但幾乎不與他人溝通。他沉浸在自己的業務中，如果部屬需要幫助，他也不會發現並給予協助；自己需要幫忙時也不會開口，而會自己努力設法解決。

S小姐希望這個公認難以接近的專家C主任成為「主任團隊」的心理安全感的起點。

所以，S小姐要所有主任**「回想值得感謝的事，並試著表達」**（請見第五章第251頁「從表達感謝開始」）。

C主任一開始就遇到難題，他似乎想不到什麼值得感謝的事。後來，他把思考範圍由業務領域擴展到私人領域，想到了「要結婚時，聽到對方父母答應婚事，讓我鬆了一口氣」，以及「婚禮有各種不同的人出席，我非常感謝」。他說出這些之後，就可試著進行下一步，要他**「思考某件東西來到他手上之前的網絡」**（請見第五章第254頁「從『理所當然』到『值得感激』」）。

他想到，有顧客（消費者）、企業客戶、成員、為服務對象製造產品的廠商等許多人的參與，他的工作才會成立。於是他說，正因為「團隊」與許多人有關，意見的爭論、健康的衝突、互相幫助都非常重要。

C主任了解自己身為「團隊一份子」後，S小姐希望把他的才能與團隊連結在一起，使他能「朝價值觀前進」，而不要「處理不安」。

將才能與團隊成果連結

團隊成員或其他主任向C主任求教時，C主任總認為他們應該自己努力解決。另一方面，C主任也很難開口向人求教，**因為他對別人的要求也造成自己的束縛**。

S小姐說：「做為團隊的一份子，當然要有最低限度的技能，但比起要大家都像C主任一樣專業，更重要的是，超越一定的專業度之後，要運用個人特質，以自己的強項幫助別人。」然後，她將話鋒轉向C主任「逃避不愉快心情」的傾向。

她問C主任：「海報上所貼的『四個放心』裡面，你最害怕的是什麼？」

C主任說，最害怕的是「說出自己的錯誤」，以及「問問題、承認自己不知道」。

S小姐開導他：「犯錯沒關係呀！無論是誰，在剛開始都會犯錯，改了就好。如果有不知道的事，跟對方說『我第一次遇到這種事，要研究一下』就可以了。第一次遇到的事，你卻很了解的樣子，對方才會嚇一跳吧！」

另一方面，C主任說自己的強項是「知道正確答案時，很容易就提出意見」。S小姐進一步說：「不要只說結論，而要從理由到結論都讓大家知道。因為你很聰明，很快就看得出結論，但大家不知道你為什麼這麼想，就太可惜了。」她更表示：「說明你的想法時，要說出理由＋結論；表達感謝時，也是要理由＋感謝一起說出來，這樣大家會更理解你的意思，也會更知道你的擅長之處。」

S小姐以這樣的方式鼓勵團隊自己思考、透過瑣碎的工作去體驗，並以語意刺激表達期待，促進行為的產生。當然，理想行為真的發生時，她也不忘表達「理由＋感謝」，給予「後果」。

管理階層間變得能夠互相合作，發揮強項作戰，弱項也能得到支援。此外，主任的加班時間減少了百分之二十五。整個團隊原本一個月的加班時間是一百四十小時，現在減為三十三小時。

注重「心理安全感」的效果

最後，我們請教S小姐，透過這次改革，她覺得對「心理安全感」的重視產生了哪些效果？導入的重點是什麼？

首先，她覺得**比起用不安與懲罰來迫使員工聽話、做事，現在團隊的成長加速，各種措施的進行更有速度感。**

一般職員之間、主任之間，以及管理階層之間都能夠自然的互相討論、提出改善方案。平時，大家也能自在的彼此問候：「你在幹嘛？」「需要我幫忙嗎？」「可以幫我分擔一些嗎？」她確實感覺到，大家現在可以用「團隊」的立場共同前進了。

導入的重點在於，不要用由上而下強迫的方式，而要以「學習型職場」為目標，這也是心理安全感的目的。

S小姐的結論是，每個職員、主任都重視促進「嘗試、學習」、「行為→學習」的呼籲，以及格式、訓練的實施；此外，主任的直屬上司——經理也以S小姐的「夥伴」的立場，在平日的工作現場發揮心理彈性，以堅定的態度行動，這些都是導入的重點。

總結——以心理彈性改變管理結構與環境

對客戶來說，S小姐的團隊不只是「供應商」，而是能在最前線監控服務使用狀況、不可或缺的企業夥伴。

客服中心通常備有手冊，一般認為是「有正確答案」的工作。也就是說，如果把工作分類為「過去的工作」與「未來的工作」，大家通常會認為客服比較接近「過去的工作」。

儘管如此，S小姐仍發揮了有心理彈性的領導力，費心使成員做出與四要素相關的行為，為團隊帶來心理安全感，藉此改變了團隊的加班文化及難以溝通的氣氛。只花了三個月，就改變了結構與環境（與企業客戶的關係），這不是令人充滿希望嗎？

活用本書，以彈性的方式嘗試錯誤，接下來就輪到你為組織、團隊帶來心理安全感了。

結語

謝謝大家能讀到最後。

希望本書能夠讓你和周遭的人發光發亮。

以團隊的形式工作，我本人也有許多失敗經驗。

在業績好、狀況順利時，發言沒有什麼問題；但如果連續失敗、進展不順，就很難開口發言。以董事或管理者的立場，我深信，遇到困難時不可求助，必須自己設法解決。為了隱藏缺點，有時我甚至假裝自己樣樣精通。我也使用過與本書完全相反的管理方式；不只一、兩次，我因為成員不改變行為而發怒，罵他們：「為什麼不管我說幾次，你們還是依然故我？」

不過，現實上一連串的不順利給了我改變行為的機會。我為挫折而煩惱，改變對待老師、上司、客人的方式，對書和論文也改變做法，雖然苦苦掙扎，但仍繼續推動專案。

幸運的是，我有專案經理這個工作實踐領域，也能以心理學、行為科學研究者的身分取得並探求關於組織的知識。

因此，我不想用不安、懲罰與自己的立場促使他人行動，而用正增強物、價值觀、有價值的行為與成員一起推展工作，這讓我輕鬆許多。我不會浪費情緒，以免自己疲憊不堪，也不會爭強好勝。我專注於自己的有價值行為：說明、製造程序及分析，在這個領域發光發熱。我也有做不到的事，我會心存敬意向周遭求助。

本書的目的是建立心理安全感，因此，本書也致力於培養有心理彈性的領導者。我相信，如果每個讀者都能發揮有心理彈性的領導力，讓每個團隊充滿心理安全感，組織、團隊中仍在沉睡的各種才能就更能發揮作用，每個人會更有充實感，獲得更好的成績。

希望本書能讓每一間公司、組織都擁有心理安全感，讓更多成人透過有意義的工作各盡其才，為實現幸福社會助一臂之力。

二〇二〇年八月　石井遼介

謝詞

本書的產生，來自和工作、專案及研究上的合作夥伴，以及公司、客戶、企業夥伴共事的每一次經驗。曾在心理安全感認證講座上聽講、結業的學員們在自己的組織實踐本書的知識，並給予反饋，又生產出本書中具有現場績效的知識。

特別是ZENTech公司的島津清彥先生（社長）、金亨哲先生（董事與活動製作人）、大久保奈美小姐（顧問、Hands On Tokyo顧問）、武田雅子小姐（顧問、卡樂比常務執行董事）、岡田大士郎先生（監事）、萩原寬之先生、望月真衣小姐、原田將嗣先生等同事，我很高興能和他們一起親身實踐，建立有心理安全感的團隊。

慶應義塾大學系統設計・管理研究科的前野隆司教授、Mindset, Inc.的李英俊社長、日本認知科學研究所代表理事志村祥瑚先生在公私兩方面都給我許多指導與照顧；立命館大學谷晉二教授、同志社大學武藤崇教授、早稻田大學熊野宏昭教授、大月友准教授指點我許多有關ＡＣＴ的知識；哈佛大學艾美・艾德蒙森教授與我分享心理安全感的廣泛知識，包括書籍與論文，並允許我翻譯有關多樣性（Diversity）的報導；非常感謝他們。

感謝Unipos公司執行董事齊藤知明、歐姆龍（OMRON）公司竹林一先生、前日本橄欖球國家代表隊隊長廣瀨俊朗先生、樂天大學校長仲山進也先生出席心理安全感的活動，分享務實的智慧（Practical Wisdom）。也要感謝有趣文章俱樂部，特別是主辦人Furomuda，以及其他在社群網站上給予反饋的人。也謝謝對本書的改善貢獻良多的鈴木聰子小姐、內科醫師細田麻奈老師、管理學者木川大輔老師、千先拓志先生、黑澤康子小姐、石井琴業小姐。

也要感謝krran的西垂水先生與市川小姐為本書設計封面，須山奈津希小姐為本書畫插圖，次葉合同公司的玉造先生為本書排版，還有ZENTech公司的創意總監Tarumayuki先生為本書製作插圖。特別是日本能率協會（Japan Management Association，JMA）管理中心編輯山地淳先生，從企畫階段開始，在我長達一年的撰稿期間，堅持與我共同前進；最後階段每天開線上會議，力求原稿的完美。拜大家所賜，本書才得以問世。

還有印刷本書的公司、幫忙發行到書店、網路書店的各位、在書店與商店陳列、販賣的店員們、刊登本書訊息的媒體、與本書相關的所有人及其同事、家人，在此由衷致上感謝之意。

最重要的是要謝謝購買本書的你。

參考文獻

前言

1 Google re:Work了解「何謂有成效的團隊」（Understand team effectiveness）

2 Edmondson, A. C., & Lei, Z. (2014). Psychological safety: The history, renaissance, and future of an interpersonal construct. Annu. Rev. Organ. Psychol. Organ. Behav., 1(1), 23-43.

3 Tucker, A. L., Nembhard, I. M., & Edmondson, A. C. (2007). Implementing new practices: An empirical study of organizational learning in hospital intensive care units. Management science, 53(6), 894-907.

4 Volatility, Uncertainty, Complexity & Ambiguity 的簡稱，即「多變性・不確定性・複雜性・含糊性」。

5 Wikipedia「フォルクスワーゲン・タイプ1」（福斯1型）、「フォード・モデルT」（福特T型車）

6 Edmondson, A. C. (2012). Teaming: How organizations learn, innovate, and compete in the knowledge economy. John Wiley & Sons.

第1章

1 "a shared belief held by members of a team that the team is safe for interpersonal risk taking." Edmondson, A. (1999). Psychological safety and learning behavior in work teams. Administrative science quarterly, 44(2), 350-383.

2 「團隊」心理安全感的概念是由艾德蒙森建立，（組織的）心理安全感則是由艾德・夏恩（Schein, E. H.）與華倫・班尼斯（Bennis, W. G.）於一九六五年建立。

Schein, E. H., & Bennis, W. G. (1965). Personal and organizational change through group methods: The laboratory approach. New York: Wiley.

3 Edmondson, A. C. (2012). Teaming: How organizations learn, innovate, and compete in the knowledge economy. John Wiley & Sons.

4 Osterman, P. (1994). How common is workplace transformation and who adopts it?. ILR Review, 47(2), 173-188.

5 YoungjunLee, CEO, Mindset., Inc.

6 艾德蒙森，《組隊合作：教你如何在知識經濟中學習、創新與競爭》（*Teaming : how organizations learn, innovate, and compete in the knowledge economy*），台灣由合記出版。

7 De Dreu, C. K., & Weingart, L. R. (2003). Task versus relationship conflict, team performance, and team member satisfaction: a meta-analysis. Journal of applied Psychology, 88(4), 741.

8 De Wit, F. R., Greer, L. L., & Jehn, K. A. (2012). The paradox of intragroup conflict: a meta-analysis. Journal of applied psychology, 97(2), 360.

9 Bradley, B. H., Postlethwaite, B. E., Klotz, A. C., Hamdani, M. R., & Brown, K. G. (2012). Reaping the benefits of task conflict in teams: The critical role of team psychological safety climate. Journal of Applied Psychology, 97(1), 151.

10 Edmondson, A. (1999). Psychological safety and learning behavior in work teams. Administrative science quarterly, 44(2), 350-383.

11 入門：「何謂有成效的團隊」- Google re:Work

12 Edmondson, A. C., & Lei, Z. (2014). Psychological safety: The history, renaissance, and future of an interpersonal construct. Annu. Rev. Organ. Psychol. Organ. Behav., 1(1), 23-43.

13 Carmeli, A., & Gittell, J. H. (2009). High quality relationships, psychological safety, and learning from failures in work organizations. Journal of Organizational Behavior: The International Journal of Industrial, Occupational and Organizational Psychology and Behavior, 30(6), 709-729.

14 Frazier, M. L., Fainshmidt, S., Klinger, R. L., Pezeshkan, A., & Vracheva, V. (2017). Psychological safety: A meta analytic review and extension. Personnel Psychology, 70(1), 113-165.

15 Schaubroeck, J., Lam, S. S., & Peng, A. C. (2011). Cognition-based and affect-based trust as mediators of leader behavior influences on team performance. Journal of Applied Psychology, 96(4), 863.

16 自陳式問卷（self-report questionnaire）PRO在醫療領域的國際標準：https://www.cosmin.nl/

17 以下艾德蒙森版本的說明引自 Edmondson, A. (1999). Psychological safety and learning behavior in work teams. Administrative science quarterly, 44(2), 350-383.

18 以專門術語來說，平均數＋標準差大於得分上限稱為「天花板效應」。

19 「日本在聯合國永續發展目標（SDGs）中扮演的角色」於令和二年六月外務省國際協力局地球規模課題總括課製作。

20 Williams, J., Dempsey, R., & SLAUGHTER, A. (2014). What Works for Women at Work: Four Patterns Working Women Need to Know. NYU Press. Retrieved July 25, 2020, from www.jstor.org/stable/j.ctt9qgbd2

第二章

1 引自 Oxford Advanced American Dictionary- ship suffix (1)the state or quality of [ownership, friendship], (2) the status or office of [citizenship], (3) skill or ability as [musicianship], (4) the group of [membership].

2 Bass, B. M., & Bass, R. (2009). The Bass handbook of leadership: Theory, research, and managerial applications. Simon and Schuster.

3 參考、整理自入山章榮《世界標準的管理理論》（ダイヤモンド社）。

4 Schaubroeck, J., Lam, S. S., & Peng, A. C. (2011). Cognition-based and affect-based trust as mediators of leader beohavior influences on team performance. Journal of Applied Psychology, 96(4), 863.

5 羅伯特・凱根（Robert Kegan）、麗莎・拉赫（Lisa Laskow Lahey）著，《人人成長的文化：銳意發展型組織 -DDO》（*An Everyone Culture: Becoming a Deliberately Developmental Organization*），台灣由水月管理顧問有限公司出版。

6 肯尼斯・格根（Kenneth J. Gergen）、瑪麗・格根（Mary M. Gergen）著，伊藤守、二宮美樹譯，《社會建構：進入對話》（*Social Construction: Entering the Dialogue*），2018。

7 「Acceptance and Commitment Therapy」或「Training」的簡稱。心理彈性／ACT方面大幅參考傑生・盧歐馬（Jason B. Luoma）、史提芬・海斯（Steven C. Hayes）、羅賓・沃爾瑟（Robyn D. Walser）著，

《Learning ACT》，台灣由張老師文化出版。

史提芬・海斯、史特羅薩爾（Kirk Strosahl）、凱利・威爾森（Kelly G. Wilson）著，(2012) 武藤崇等監譯 ，(2014)《接納與承諾療法》（*Acceptance and commitment therapy : the process and practice of mindful change*）；熊野宏昭，(2012)《新世代的認知行為療法》（新世代の認知行動療法），日本評論社；三田村仰，(2017).《行為療法入門》（はじめてまなぶ行動療法），金剛出版 。

8 想更深入了解的讀者請參考尼可拉斯・托內克（Niklas Törneke）著，武藤崇、熊野宏昭監譯，(2013)《學習關聯框架理論：關聯框架理論及其臨床應用入門》（*Learning RFT : an introduction to relational frame theory and its clinical application*），星和書店。

9 艾德蒙森，《組隊合作：教你如何在知識經濟中學習、創新與競爭》（*Teaming : how organizations learn, innovate, and compete in the knowledge economy*），台灣由合記出版。

10 Schein, E. H. (1985). Organizational culture and leadership San Francisco. San Francisco: Jossey-Basss.

11 意思類似美國神學家尼布爾（Reinhold Niebuhr）的〈寧靜禱文〉（The Serenity Prayer）：「神啊，請賜我寧靜的心，去接受我無法改變的事；賜我勇氣，去改變我能改變的事；賜我智慧，以分辨二者的不同。」

12 專門術語稱為「認知糾結」（Cognitive Fusion）。

13 Hayes, S. C., Strosahl, K. D., & Wilson, K. G. (2009). Acceptance and commitment therapy. Washington, DC: American Psychological Association.

14 "You play with the cards you re dealt ...whatever that means."，查爾斯・舒茲（Charles Monroe Schulz），

出自一九九一年十月四日《花生漫畫》（*Peanut*）。

15 維克多・弗蘭克（Viktor Emil Frankl），《向生命說Ｙｅｓ：弗蘭克從集中營歷劫到意義治療的誕生》（*... trotzdem Ja zum Leben sagen: Ein Psychologe erlebt das Konzentrationslager*），台灣由啟示出版。

16 英語為「Creative Hopelessness」。

17 谷晉二等，(2020)《語言與行為的心理學》（言語と行動の心理学），第一二一頁。

18 Youngjun Lee. (2020)., Mindset code.

19 Kabat-Zinn, J. (1990). Full Catastrophe Living: Using the Wisdom of your Body and Mind to Face Stress, Pain, and Illness.

20 摘自熊野宏昭，(2011)《正念之後邁向ＡＣＴ：探索二十一世紀的自己專案接受與承諾治療》，星和書店。

21 本書所需用語整理自「Wilson, K. G. (2014). The ACT Matrix: A new approach to building psychological flexibility across settings and populations. New Harbinger Publications.」作者負責本書第十章的日文翻譯。

第三章

1 Skinner, B. F. (1931). The concept of the reflex in the description of behavior. The Journal of General Psychology,5(4), 427-458.

2 Skinner, B. F. (1938). The behavior of organisms: an experimental analysis.

3 在行為分析領域，除引用文獻外，也大幅參考拉梅洛（Jonas Ramnerö，音譯）、尼可拉斯・托內克著，武藤崇、米山直樹譯《臨床行為分析ＡＢＣ》（*The ABCs of human behavior: behavioral principles for the practicing clinician*），日本評論社；保羅・艾伯特（Paul A. Alberto）、安娜・屈門（Anne C. Troutman）著，《應用行為分析》（*Applied Behavior Analysis for Teachers*），台灣由心理出版社出版。

4 專門術語稱為「前置刺激」（Antecedent stimulus）。

5 專門術語稱為「操作行為」（Operant Behavior）。以「眨眼」為例，依據本書的分類，如果是自己主動眨眼，就是行為；如果是因為風吹過來而反射性眨眼（稱為「反應性行為」，Respondent Behavior），就不是行為。「出現不安情緒」也不是操作行為，本書將其歸於「前置刺激」或「後果」。

6 專門術語稱為「後果」（Consequence）。

7 Skinner, B. F. (1990). The non-punitive society. Japanese Journal of Behavior Analysis, 5(2), 87-106.

8 島宗理、吉野俊彥、大久保賢一、奧田健次、杉山尚子、中島定彥、山本央子等 (2015)，日本行為分析學會反對「體罰」聲明，行為分析學研究，29(2), 96-107.

9 大河內浩人、松本明生、桑原正修、柴崎全弘、高橋美保，(2006)〈報酬會降低內在動機嗎?〉（報酬は内発的動機づけを低めるのか），大阪教育大學紀要 ＩＶ，教育科學 54(2)，第一一五到第一二三頁。

10 三田村仰，(2017)《行為療法入門》（はじめてまなぶ行動療法），金剛出版

11 以這樣的方式去分辨什麼樣的「前置刺激」或「脈絡」導致行為的發生，比較專業的術語稱為「辨別」（Discrimination）。

12 如果對自己的覺察或對身體感覺的意識不足，實際上會忽視身體所感覺到的滿足或反饋，而藉由「自己正在遵循正確規則」的滿足感來重複行為的循環。

13 嚴格來說，我們平常所說的「處罰」，和行為分析中所說的「負增強物出現」並不同。想了解更專業的理論，請參考《臨床行為分析ＡＢＣ》等著作。

14 C. Fishman, "No Satisfaction at Toyota," Fast Company 111 (2006): 82.（日文翻譯參考《組隊合作：教你如何在知識經濟中學習、創新與競爭》）

15 https://www.kickbox.org/

16 在談論創新的書籍中，濱口秀司先生的《轉變：創新的做法》（SHIFT: イノベーションの作法）是我所知最優秀的。雖然本書並未提及創新與討論，但可以了解「光討論是沒用的」。

17 摘自 KURATAMANABU (2003)《ＭＢＡ課程沒教的「創刊男」工作術》（ＭＢＡコースでは教えない「創刊男」の仕事術），日本經濟新聞出版。

18 Cable, D., Gino, F., & Staats, B. (2015). The Powerful Way Onboarding Can Encourage Authenticity. Harvard Business Review Digital Articles, 2-5.
日文翻譯引自《真誠領導》（オーセンティック・リーダーシップ）第五章（ダイヤモンド社）。

19 Seppala, E. (2014). The hard data on being a nice boss. Harvard Business Review.「嚴格的上司和親切的上司，何者績效較高？」（厳しい上司と親切な上司、どちらが成果につながるか）。

20 杉山尚子、島宗理、佐藤方哉、理察・馬洛特（Richard W. Malott，音譯）、瑪麗亞・馬洛特（Maria

Malott，音譯），(1998)《行為分析學入門》（行動分析学入門）。

21 矢野和男 (2020)〈每天一分鐘的威力〉（毎日1分の威力）：https://comemo.nikkei.com/n/n635b0acfa3b4 note

第四章

1 這裡稱為「動物行為」，在行為分析學中的正式名稱是「情境塑造的行為」（Contingency-shaped Behavior）。

2 這裡稱為「語言行為」，正式名稱是「規則支配的行為」。

3 Harari, Y. N. (2014). Sapiens: A brief history of humankind. Random House.

4 在關聯框架理論方面，大幅參考尼可拉斯·托內克（Niklas Törneke）著，武藤崇、熊野宏昭監譯，(2013)《學習關聯框架理論：關聯框架理論及其臨床應用入門》，星和書店；谷晉二等，《語言與行為的心理學》（言語と行動の心理学）等。

5 關聯框架理論中稱為「順從」（Pliance）。

6 關聯框架理論中稱為「追蹤」（Tracking）。

7 關聯框架理論中稱為「擴張」（Augmenting）。

8 在關聯框架理論中，原本沒有強化或弱化功能的「後果」可分為兩種類型，一種是形式性擴張（Formative augmentals）——確立新的強化／弱化功能；另一種是動機性擴張（Motivative

augmentals）——改變已確立強化／弱化功能的「後果」之強化／弱化程度；本書未深入區別兩者。

9 Malott, R. W. (1989). The achievement of evasive goals. In Rule-governed behavior (pp. 269-322). Springer, Boston, MA.

10 長谷川芳典 (2015)《史金納以後的心理學（23）語言行為，規則支配的行為，關聯框架理論》（スキナー以後の心理学（23）言語行動, ルール支配行動, 関係フレーム理論），岡山大学文学部紀要，64, 1-30.；岡山大學文學部紀要，64, 1-30，（引用並改變其中實例）。

11 片山修，《ＳＯＮＹ的法則》（ソニーの法則），小學館文庫。

第五章

1 日本的人事部人力資源技術博覽會二〇二〇「如何消除『阻擋組織變革的三道鴻溝』、提高可加速事業成長的心理安全感」。

2 大成弘子 (2019)〈從感謝網絡探討組織的溝通形式〉（感謝ネットワークからみる組織のコミュニケーションの形）。

3 矢野和男，(2020)〈每天一分鐘的威力〉。https://comemo.nikkei.com/n/n635b0acfa3b4 note（括弧內為作者補充）。

4 令和元年八月金融行政過去的實踐與今後的方針（令和元事務年度）「以使用者為中心的新時代金融服務」。

https://www.fsa.go.jp/news/r1/190828_ summary.pdf

5 Peters, T. J. (1999). The Project50: Or, Fifty Ways to Transform Every "Task" Into a Project That Matters. Alfred a Knopf Incorporated.

日文譯名「湯姆・彼得斯的薪水階級大逆襲戰略（2）以迷人專案拉開距離」（トム・ピーターズのサラリーマン大逆襲作戦〈2〉セクシープロジェクトで差をつけろ!），仁平和夫翻譯。

6 Luoma, J. B., Hayes, S. C., & Walser, R. D. (2007). Learning ACT: An acceptance & commitment therapy skills-training manual for therapists. New Harbinger Publications.

愈吵愈有競爭力
建立團隊的心理安全感，鼓勵「有意義的意見對立」，不讓「沉默成本」破壞創意
心理的安全性のつくりかた

作者　石井遼介
譯者　林雯
封面設計　許紘維
內頁排版　簡至成
行銷企劃　林瑀、陳慧敏
行銷統籌　駱漢琦
營運顧問　郭其彬
業務發行　邱紹溢
特約編輯　張瑋珍
責任編輯　賴靜儀
總編輯　李亞南
出版　漫遊者文化事業股份有限公司
地址　台北市松山區復興北路331號4樓
電話　(02) 2715-2022
傳真　(02) 2715-2021
服務信箱　service@azothbooks.com
網路書店　www.azothbooks.com
臉書　www.facebook.com/azothbooks.read
營運統籌　大雁文化事業股份有限公司
地址　台北市松山區復興北路333號11樓之4
劃撥帳號　50022001
戶名　漫遊者文化事業股份有限公司
初版1刷　2022年7月
定價　台幣450元

ISBN　978-986-489-648-6

Original Japanese title: SHINRITEKI ANZENSEI NO TSUKURIKATA

Original Japanese edition published by JMA Management Center Inc.
Traditional Chinese translation rights arranged with JMA Management Center Inc.
through The English Agency (Japan) Ltd. and AMANN CO., LTD, Taipei.

原書STAFF
插畫　須山奈津希（ぽるか）
圖像設計　タルマユウキ（Order Design Studio）

國家圖書館出版品預行編目 (CIP) 資料

愈吵愈有競爭力 : 建立團隊的心理安全感, 鼓勵「有意義的意見對立」, 不讓「沉默成本」破壞創意 / 石井遼介著 ; 林雯譯. -- 初版. -- 臺北市 : 漫遊者文化事業股份有限公司, 2022.07
312 面 ; 14.8×21 公分
譯自 : 心理的安全性のつくりかた : 「心理的柔軟性」が困難を乗り越えるチームに変える
ISBN 978-986-489-648-6（平裝）
1.CST: 組織管理 2.CST: 組織心理學
494.2　　111007521